DOMAINE DU POSSIBLE

La crise profonde que connaissent nos sociétés est patente. Dérèglement écologique, exclusion sociale, exploitation sans limites des ressources naturelles, recherche acharnée et déshumanisante du profit, creusement des inégalités sont au cœur des problématiques contemporaines.

Or, partout dans le monde, des hommes et des femmes s'organisent autour d'initiatives originales et innovantes, en vue d'apporter des perspectives nouvelles pour l'avenir. Des solutions existent, des propositions inédites voient le jour aux quatre coins de la planète, souvent à une petite échelle, mais toujours dans le but d'initier un véritable mouvement de transformation des sociétés.

CHANGEONS D'ÉNERGIES

ISBN 978-2-330-01517-6
www.actes-sud.fr

ASSOCIATION NÉGAWATT
THIERRY SALOMON – MARC JEDLICZKA

CHANGEONS D'ÉNERGIES

TRANSITION, MODE D'EMPLOI

DOMAINE DU POSSIBLE
ACTES SUD

PETIT MODE D'EMPLOI À L'ATTENTION DES LECTEURS

Un site web est associé à ce livre, accessible à partir de :
www.negawatt.org

Ce site comprend :

– toutes les références et sources documentaires détaillées de l'intégralité des informations figurant dans cet ouvrage (pour en faciliter la lecture, celui-ci ne comporte volontairement ni références, ni notes de bas de page) ;

– des documents, graphiques didactiques, vidéos autour du scénario et des mesures proposés par l'association négaWatt ;

– un glossaire didactique et explicatif des mots de l'énergie.

Une définition de quelques termes figure également en page 85.

Ce petit livre, volontairement court, ne prétend pas aborder toutes les questions soulevées par nos choix énergétiques. Pour aller plus loin, le lecteur pourra utilement se référer au *Manifeste négaWatt* paru également chez Actes Sud, et à une série de questions-réponses sur le site www.negawatt.org.

PROLOGUE
Des gaspillages si ordinaires

Sur le quai de la gare, un voyageur fait les cent pas pour se réchauffer en cette période de frimas. À côté de lui, le distributeur de boissons devant lequel il passe et repasse continue à refroidir consciencieusement canettes et bouteilles en plastique, vingt-quatre heures sur vingt-quatre. Un peu idiot de faire du froid par cette température glaciale, se dit-il, pensant à la facture d'électricité salée qu'il a reçue le matin même. En été, par temps de canicule, passant assoiffé devant le même distributeur, remarquera-t-il un gaspillage énergétique tout aussi absurde : exposé en plein soleil, son système de refroidissement tourne en permanence.

Dans le supermarché, une vendeuse finit de ranger soigneusement des paquets de belles crevettes grises de la mer du Nord. Des crevettes déjà décortiquées, prêtes à l'emploi, celles que préfèrent les consommateurs. Pêchées au large d'Ostende, elles ont été acheminées par camion au Maroc pour y être préparées. Un aller-retour pour gagner quelques centimes d'euro, une pratique courante dans le secteur alimentaire : le prix du transport est largement compensé par le bas coût de la main-d'œuvre locale. Avec parfois des conséquences dramatiques, comme pour ce poids lourd qui avait provoqué l'incendie du tunnel du Mont-Blanc : l'enquête a révélé qu'il était chargé de margarine belge expédiée en Italie pour y être simplement emballée, avant de reprendre vraisemblablement le chemin inverse pour être vendue en Belgique...

Dans son bureau au milieu de la tour, une employée a la gorge enrouée par la clim. On est pourtant en plein hiver... "Notre nouveau siège social doit symboliser la transparence de nos activités", avaient claironné les communicants du groupe pour lequel elle travaille. L'orgueilleuse tour fut donc vitrée de bas en haut, et le moindre rayon de soleil ajoute sa chaleur à celle des éclairages et des ordinateurs. Du coup, les bureaux sont parfaitement invivables en été sans climatisation, et en plein hiver, dès que la température extérieure dépasse quelques degrés au-dessus de zéro, la tour ne doit plus être *chauffée*, mais bel et bien *refroidie*.

Alors qu'il s'apprête à reprendre sa voiture au troisième sous-sol, un client du centre commercial est ébloui par la violence de l'éclairage permanent qui baigne tout le parking, et gêné par le brouhaha des ventilateurs brassant d'énormes volumes d'air. Il est loin d'imaginer la quantité d'électricité que cela nécessite : chaque place de stationnement du parking consomme autant d'énergie que la même surface d'un logement d'aujourd'hui !

À la terrasse du café, un vieux monsieur s'assied pour lire son journal en buvant son thé à petites gorgées, comme presque chaque après-midi depuis qu'il est à la retraite. Il fait froid mais une rampe de radiateurs à gaz lui procure une douce chaleur. Même si on ne voit qu'elles, les volutes de fumée de la cigarette qu'il vient d'allumer ne sont pas les seules à se répandre dans l'atmosphère : le gaz carbonique qui s'échappe des radiateurs s'apprête à y rester plus d'un siècle.

Pare-chocs contre pare-chocs, un jeune ouvrier de l'automobile rentre chez lui, trajet quotidien au désagréable goût de bouchon. Fatigué d'avoir été rivé à sa machine toute la journée, il écoute les infos d'une oreille distraite. Le PDG d'un grand constructeur se réjouit de l'explosion du nombre de voitures en Chine, nouvel eldorado de croissance : "On prévoit que dès 2020 le parc automobile chinois devancera celui des États-Unis, et nous sommes très présents sur ce marché d'avenir !" Ce que le PDG omet de dire, c'est que les 1 000 voitures qui se vendent chaque jour à Pékin asphyxient encore un peu plus la capitale, et qu'à Shanghai le Tintin du *Lotus bleu* ne pourrait plus faire du vélo : les grandes artères y sont désormais interdites aux cyclistes.

Dans un couloir de métro, revenant de son cours, une lycéenne s'arrête devant une pub vidéo vantant *l'ultime smartphone*. "Ultime, pense-t-elle, tu parles, on m'a déjà fait le coup il y a six mois. Mais aussi léger, 112 grammes à peine, il va cartonner..." Sait-elle que, pour la fabrication d'un seul de ce smartphone, 57 kg de CO_2 ont été émis dans l'atmosphère ? Et que l'écran sur lequel elle regarde cette pub consomme, à lui tout seul, autant que l'ensemble des équipements électriques de deux familles ?

La nuit tombe doucement sur ces terres d'élevage, au cœur de la France. Comme chaque soir en période hivernale, un paysan nourrit son troupeau avec des farines à base de soja importé du Brésil. Au même moment, de l'autre côté de l'Atlantique, les tronçonneuses détruisent toutes les 7 secondes une surface de forêt grande comme un terrain de football, afin d'accroître encore les cultures de soja destinées à l'exportation. Peu à peu la forêt amazonienne, méthodiquement exterminée, n'arrive plus à remplir son rôle de “poumon vert” de la planète.

Enfin chez soi ! Affalé devant son imposant écran de télé qu'il regarde machinalement, un cadre supérieur essaie d'oublier sa vie mise en boîtes, grandes et petites – appartement, bagnole, ascenseur, tour, ascenseur, bagnole, appartement. Il goûte les tentations d'un monde où les vols *low cost* sont moins chers que le taxi pour aller à l'aéroport, où il est *fun* de skier à Dubaï par 45 °C à l'ombre et où on ne s'étonne même plus de manger en plein hiver des fraises venues par avion du Chili.

Dans sa chambre, après le dîner, un adolescent retrouve son alter ego virtuel, un *avatar* qu'il s'est créé sur ce nouveau jeu en ligne qui rassemble des centaines de milliers de joueurs reliés en réseau à travers le monde. Un jeu possible grâce à des milliards d'opérations partagées entre des *data centers* répartis sur les cinq continents. Tout à sa *Second Life* fantasmée, il n'a aucune conscience de l'envers du décor : son personnage virtuel, créature purement numérique, nécessite autant d'électricité que la consommation moyenne de quarante Éthiopiens bien réels, faits de chair et de sang.

Une fin de journée comme une autre en France.

Des consommations d'énergie si ordinaires...

1

GERMES DE TRANSITION

Nos gaspillages d'énergie sont tellement ordinaires et dissimulés que nous ne les voyons pas. Ou plutôt que nous ne voulons pas les voir, en bonnes autruches de l'énergie que nous sommes devenus.

Appuyer sur un interrupteur, faire le plein de la voiture, manger des produits hors saison venant de l'autre bout du monde est désormais facile et banal, comme si l'énergie coulait d'une inépuisable corne d'abondance. Mais derrière le dernier gadget, le vol low cost *ou le conteneur de marchandises se cachent de profonds déséquilibres écologiques, économiques, sociaux, et des perturbations irréversibles du climat, prémices de conflits et de crises majeures.*

Et si nous osions enfin sortir la tête du sable, espérer un monde moins gaspilleur de ressources et moins inégalitaire ? Et si nous décidions de commencer à le construire ?

*Certains voudraient nous faire croire que la transition énergétique n'est possible que dans les pays où la sensibilité écologique est plus développée et la discipline collective culturellement mieux admise, comme l'Allemagne ou les pays scandinaves. En quelque sorte, qu'elle ne serait pas dans l'*ADN *des Français.*

Pourtant, ici et là à travers notre pays germent et se développent d'étonnantes initiatives de citoyens, d'élus, d'entrepreneurs. Elles s'appuient parfois sur des avancées techniques remarquables, mais le plus souvent sur des idées toutes simples, dictées par le bon sens. Encore timides ou embryonnaires, elles sont pleines de promesses : dans notre pays aussi, la transition n'est pas seulement possible, elle est déjà en marche !

Un petit tour de France des initiatives – très loin d'être exhaustif – en démontre la richesse et la diversité.

Avec les familles, l'énergie devient positive

Juin 2012, dans la salle des fêtes d'une petite ville de l'Isère, non loin de Grenoble. Le public, plus de 150 personnes au total, est composé de familles au grand complet, parents et enfants réunis pour la finale d'un concours où l'on n'a rien d'autre à gagner que la satisfaction d'avoir "bien travaillé" à la fois pour la planète et pour son porte-monnaie : le défi "Familles à énergie positive".

Ce challenge permet à des équipes constituées d'une dizaine de familles d'un même quartier, d'un même village ou d'une même entreprise, rassemblées autour d'un "capitaine" – un conseiller municipal, un responsable d'association locale ou simplement une personne motivée –, de s'affronter pacifiquement autour d'une idée simple : réaliser le maximum d'économies d'énergie à la maison, avant tout par le comportement.

Formé par l'Espace info-énergie, le capitaine assiste les familles auxquelles il explique comment connaître et mesurer leur consommation d'énergie à partir de leurs factures d'électricité, de gaz ou de fioul. Puis il leur apprend à se servir de "wattmètres", ces petits boîtiers que l'on met sur une prise de courant et qui indiquent la consommation instantanée et cumulée des appareils qui sont branchés dessus. Plusieurs sont mis à leur disposition pour la durée du défi.

L'objectif est de faire baisser la consommation totale de chaque équipe d'au moins 8 % sur un an sans aucun investissement lourd, simplement par des changements de comportement ou de petits achats comme des ampoules à basse consommation ou des économiseurs d'eau. Les équipes se réunissent régulièrement tout au long de l'hiver chez les uns et les autres pour faire le point, s'échanger les astuces, discuter pour améliorer encore les résultats, dont les meilleurs atteignent 30 % d'économies en un an !

Illustration concrète du potentiel d'économie d'énergie par la sobriété, le défi "Familles à énergie positive", parti de Haute-Savoie en 2009, s'étend peu à peu à toute la France à travers le réseau des Espaces info-énergie. Il touche plusieurs dizaines de milliers de personnes chaque année, et s'élargit maintenant à la mobilité.

Cette initiative fait des émules avec les "territoires à énergie positive" ou inspire des variantes tel le défi "80 kilomètres", qui consiste à préparer des repas en n'utilisant que des ingrédients provenant de moins de 80 kilomètres.

Enercoop, l'électron vraiment libre

Été 2004, à Paris. Une douzaine de personnes venues des quatre coins de l'Hexagone se réunissent dans un local du 20e arrondissement. Dans ce groupe se côtoient des militants écologistes associatifs, des chefs d'entreprises du secteur des énergies renouvelables et des "financiers solidaires".

Ils savent depuis quelques mois que tous les consommateurs d'électricité et de gaz vont bientôt pouvoir choisir leur fournisseur, comme ils le font déjà pour le carburant de leur voiture ou pour leur téléphone. Huit ans plus tôt, une directive européenne a décidé que le marché de l'électricité et du gaz devait être ouvert à la concurrence. La France, toute pétrie de sa culture du centralisme et de ses monopoles publics nationaux, a mené une guérilla politique qui n'a fait que retarder l'échéance. Elle a finalement approuvé cette décision, en traînant des pieds pour son application : les entreprises viennent tout juste d'obtenir le droit de se fournir ailleurs qu'auprès d'EDF, avant que les particuliers en bénéficient aussi dès le 1er juillet 2007.

Ce petit groupe est inquiet. L'argument de l'électricité "verte" peut être utilisé à tort et à travers, d'un côté par des entreprises peu scrupuleuses, bien décidées à prendre coûte que coûte des clients à EDF, et de l'autre par EDF dans l'espoir de conserver ses clients. Comment le consommateur qui veut faire un geste écologique en achetant une énergie réputée "propre" va-t-il s'y retrouver si, comme pour le téléphone, ce monde nouveau se transforme en une jungle pleine de chausse-trappes ?

La poignée de "comploteurs" comprend que le meilleur moyen d'éviter toute dérive est de faire en sorte qu'il existe une offre d'électricité renouvelable en laquelle les clients puissent avoir totalement confiance et qui serve de référence pour évaluer les autres.

Il restait tout juste 3 ans aux créateurs de la société coopérative d'intérêt collectif Enercoop pour construire, en partant de leur seule utopie, une alternative concrète capable de produire et de vendre des électrons totalement libres sur un marché qui ne l'est pas vraiment. Après seulement 2 années d'exercice, ni doux rêveurs ni businessmen aux dents longues, ils ont atteint l'équilibre financier : un exploit qu'aucun de leurs concurrents n'a encore pu réaliser !

Aujourd'hui, chacun peut y souscrire et Enercoop a déjà convaincu 15 000 clients. Dans le but de rapprocher toujours plus consommateurs et producteurs, la coopérative a commencé à essaimer dans plusieurs régions françaises et reçoit désormais le soutien actif de collectivités locales. La région Rhône-Alpes a ainsi confirmé, au printemps 2012, sa prise de parts dans la structure locale Enercoop-Rhône-Alpes.

Covoiturage et bavardage

Fin 2004, à Paris. Un jeune informaticien français qui vient de finir ses études aux États-Unis se trouve confronté aux pires difficultés pour aller retrouver ses parents dans une province lointaine : plus un siège disponible dans les trains en cette période de fêtes.

Il a découvert la pratique du covoiturage en Californie, où les automobiles remplies de passagers peuvent emprunter la voie d'autoroute dégagée qui leur est réservée. Pas moyen par contre, de ce côté-ci de l'Atlantique, de trouver une place libre dans l'une de ces milliers de voitures qui vont faire le même trajet que lui : rageant !

C'est alors qu'il a l'idée de lancer un site Internet pour mettre en relation l'offre des conducteurs disposant de places libres avec la demande de ceux qui cherchent à voyager à moindres frais et en bonne compagnie. Des règles claires, un fonctionnement simple et sécurisé, une amélioration continue du service et un modèle économique astucieux permettant d'offrir la gratuité aux utilisateurs assurent à la PME fondée par ce jeune plein d'imagination une activité en augmentation rapide, qui se développe dans plusieurs pays européens : à la mi-2012, ce sont plus de 2 millions d'abonnés dans 7 pays qui utilisent les services de cette entreprise.

Tout comme les systèmes de libre-service de type Vélib' ou Autopartage, le covoiturage contribue à transformer notre vision de nos propres besoins, qui ne sont pas de posséder un véhicule, mais de pouvoir nous déplacer d'un point à un autre dans de bonnes conditions. Et les 10 millions de trajets réalisés grâce à cette initiative depuis sa création ont permis d'éviter l'émission de 500 000 tonnes de gaz carbonique (CO_2).

Enfin, la convivialité des trajets à plusieurs, durant lesquels on peut s'adonner aux plaisirs de la discussion, fait partie des motivations des usagers. Un constat pleinement assumé par la nouvelle appellation de l'entreprise française : BlaBlaCar !

Le Bas-Rhin à la pointe des économies d'électricité

Été 2005, à Strasbourg. Dans une salle de l'Hôtel du conseil général du Bas-Rhin, le directeur d'un bureau d'études spécialisé dans les économies d'énergie expose devant des élus attentifs les résultats de la campagne de mesures des consommations d'énergie de cet immeuble moderne, dans lequel près de 750 personnes travaillent quotidiennement.

Le bâtiment, construit entre 1986 et 1989, regroupe 23 000 mètres carrés de bureaux et 12 000 mètres carrés de parkings. Un an plus tôt, une première étude avait fait apparaître une consommation d'électricité dont l'importance était difficile à expliquer, ce qui avait conduit à lancer un audit complet. Les 600 points de mesure équipés d'enregistreurs ont fourni des milliers de données recueillies toutes les 10 minutes pendant 6 mois. L'analyse des résultats de ce bâtiment pourtant réalisé par un grand nom de l'architecture réservait quelques surprises...

Plus de la moitié de l'électricité était consommée en soirée, la nuit et pendant les périodes de congés, c'est-à-dire lorsque l'immeuble n'était pas occupé. Et la majorité de cette "consommation en absence" provenait de l'informatique, de la ventilation des locaux et même de l'éclairage. Surprenant pour des bureaux vides de toute présence !

Quelques préconisations de bon sens ont permis de réduire rapidement de 40 % la consommation d'électricité du bâtiment : réglage des équipements existants, arrêt des appareils lorsque leur fonctionnement n'est pas utile, révision des contrats de maintenance, prise en compte de l'efficacité énergétique dans la politique d'achat, suivi régulier des consommations et sensibilisation des employés. Sans parler de travaux plus lourds concernant la salle des serveurs informatiques ou la rénovation de l'éclairage.

L'économie directe sur les factures d'électricité et de gaz qui a résulté de ces actions s'élève à près de 130 000 euros par an, une somme précédemment payée en pure perte par les contribuables alsaciens. Au total, les dépenses nécessaires pour atteindre ce résultat spectaculaire ont été remboursées en moins de trois ans. Même dans un bâtiment récent, comme il en existe des milliers en France, mesurer, rendre visibles les consommations d'énergies, c'est mettre en lumière les gaspillages pour comprendre comment les supprimer rapidement et efficacement.

Dans les Vosges, les locataires HLM touchent du bois

Septembre 2009, dans la petite ville de Saint-Dié, chef-lieu de canton des Vosges, au lieu-dit "la Corvée".

Une vingtaine de familles aux revenus modestes déballent leurs cartons dans le nouvel ensemble de maisons individuelles que la société de logement social Le Toit vosgien vient de bâtir avec l'objectif de réduire au minimum les charges de ses locataires. D'apparence ordinaire, ces "éco-pavillons", répondant au label basse consommation *BBC*-Effinergie, sont construits presque exclusivement avec des matériaux d'origine végétale, notamment une ossature et un parement en bois massif, ainsi qu'une isolation associant fibre de bois et ouate de cellulose.

Le besoin en énergie des maisons est extrêmement faible : dans cette région froide de petite montagne, un simple poêle à bois astucieusement placé permet à lui seul de chauffer les 100 à 130 mètres carrés répartis sur deux niveaux. Équipé d'un bouilleur, il fournit également l'eau chaude sanitaire en hiver et peut servir de secours en été lorsque les 4 mètres carrés de panneaux solaires thermiques ne produisent pas suffisamment.

Achetés à un fournisseur local, les 4 stères de bois qui suffisent à couvrir les besoins coûtent 200 euros par an. Mais les locataires, inspirés par le nom du lieu, choisissent souvent de faire leur bois eux-mêmes : une activité banale dans une région forestière, mais plutôt inhabituelle en secteur locatif.

La Corvée n'est pas la seule réalisation remarquable du Toit vosgien ! Les Héliades, un immeuble de 30 logements sur 5 niveaux, lui aussi à ossature bois et isolation renforcée, a été achevé en 2010. Ici, la récupération de la chaleur de l'air vicié extrait par la ventilation mécanique suffit à assurer la quasi-totalité du chauffage, tandis que l'eau chaude sanitaire est fournie par des panneaux solaires thermiques. En cas de besoin, une petite chaudière à cogénération au gaz apporte la chaleur complémentaire tout en produisant de l'électricité, ce qui évite d'en acheter au réseau. Enfin, une installation photovoltaïque de 1 000 mètres carrés permet de couvrir bien plus que tous les besoins annuels en électricité des parties communes.

Les Héliades sont l'un des premiers *bâtiments à énergie positive* de France, c'est-à-dire qu'il produit plus d'énergie annuellement que celle qui est consommée pour leur habitation par ses habitants. Ceux-ci, séduits par le confort que leur procure leur nouveau logement, se réjouissent aussi des économies qu'ils en retirent : les charges locatives s'élèvent à 136 euros par an pour un logement de 100 mètres carrés, soit 6 à 7 fois moins que dans un immeuble ordinaire.

Dans les Vosges comme ailleurs, écologie et social savent faire bon ménage !

En Bretagne, un joli bouquet d'énergies renouvelables

Juin 2011, Le Mené, au centre de la Bretagne. Le président de cette communauté de communes rurales, qui s'étend sur 63 kilomètres carrés, ouvre avec une pointe de fierté les premières rencontres nationales "Énergie et territoires ruraux" : toute la population s'est mobilisée pour le succès de cette manifestation, durant laquelle il est prévu de lancer le réseau des Tepos, les "territoires à énergie positive".

Dans ce coin de campagne comme il en existe tant à travers la France, certains rêvent et s'activent depuis des années pour rendre ce territoire d'élevage “autonome en énergie” en produisant sur place toute l’énergie nécessaire pour répondre à l’ensemble des besoins de la population (se chauffer, s’éclairer, se déplacer…) et, en prime, de quoi nourrir les animaux et fertiliser la terre. L’objectif est d’y parvenir d’ici à 2025, mais il sera probablement atteint plus tôt : en 2012, un quart des besoins sont déjà couverts par un bouquet d’énergies renouvelables.

Depuis 2007, l’huilerie Menergol fabrique avec le colza local à la fois du carburant pour les tracteurs et des tourteaux pour nourrir le bétail. Le lisier, au lieu d’aller à la rivière et d’en polluer les eaux, est utilisé par la société Géotexia pour produire du biogaz et des granulés fertilisants.

Les plantations de saules alimentent en bois déchiqueté la plate-forme de stockage intercommunale qui approvisionne ensuite les chaufferies municipales sur réseaux de chaleur de Gouray et Saint-Gouéno.

Le parc éolien de Citéol Mené, composé de 7 machines capables de produire autant d’électricité que toute celle qui est consommée par les 6 500 habitants du territoire, a été financé à 30 % par 137 familles du Mené réunies en “Cigales”, ces clubs d’investisseurs locaux qui permettent de mettre l’épargne en commun pour des projets collectifs.

Mais on ne s’occupe pas que de production d’énergie au Mené ! Un vaste programme d’isolation des bâtiments est en cours : une trentaine de logements passifs en accession à la propriété, répartis entre les 7 communes, ont été construits et les élus réfléchissent à un projet de “réseau électrique intelligent” en partenariat avec des entreprises du secteur.

Pas étonnant, dans ces conditions, que la pépinière d’entreprises Menerpôle accueille désormais trois sociétés spécialisées dans l’énergie : semer les germes de la transition énergétique fait aussi pousser de la matière grise et des emplois !

Entre Saône et Rhône, un nouveau tissu d’intelligence

Juin 2012 à Lyon, sur les bords de la place Nautique à la Confluence, un quartier situé au bout de la presqu’île d’entre Rhône et Saône.

En ce début d’été, les habitants qui viennent d’emménager dans des bâtiments flambant neufs côtoient ceux des quartiers limitrophes pour le Temps des Cerises, un événement destiné à faire goûter les plaisirs de la ville sous la forme d'une simple balade ou d'activités de découverte proposées par des associations locales.

Ici, dans le cadre d'un programme européen CONCERTO démarré en 2005, la société publique d'aménagement a imposé, dès les premières opérations immobilières, des exigences très poussées de basse consommation et d'alimentation par des énergies renouvelables, avec du chauffage au bois, de l'eau chaude solaire et de l'électricité photovoltaïque.

Cette première expérience a été le point de départ d'une dynamique qui a fait de la Confluence un terrain de démonstration pour la construction, la rénovation et l'aménagement durables. Plus récemment elle s'est étendue aux "réseaux électriques intelligents", une notion qui peut s'appliquer à toutes les échelles : à l'intérieur des bâtiments, au sein des îlots d'immeubles, voire sur l'ensemble d'un quartier.

Plusieurs programmes de démonstration sont en cours dans ce quartier équipé dès 2011 de nouveaux compteurs par ERDF, la filiale d'EDF spécialisée dans la gestion des réseaux de distribution, ceux qui apportent le courant jusque chez les abonnés. Cela va du suivi des consommations d'énergie dans les logements sociaux rénovés au pilotage du réseau électrique à l'échelle du quartier en passant par l'analyse de l'interaction entre la production d'électricité photovoltaïque et une flotte de véhicules électriques.

En parallèle à ce foisonnement d'initiatives, le Grand Lyon s'est résolument engagé dans un "plan Climat" qui définit une stratégie énergétique globale sur l'ensemble de son territoire, en mettant en place une large concertation allant des grands opérateurs historiques aux habitants eux-mêmes, en créant une direction de l'Énergie et même en soutenant les projets d'entreprises du secteur privé. Parmi ces dernières, on trouve curieusement un géant japonais de l'électronique, venu à Lyon pour pouvoir tester des technologies très avancées de réseaux intelligents, ce qui est impossible au Japon : là-bas, les réseaux électriques appartiennent à 10 compagnies qui se partagent le pays en zones où elles exercent chacune un monopole jaloux. La plus connue est TEPCO, responsable de la catastrophe de Fukushima…

Ainsi, 8 siècles après le début du commerce de la soie entre l'ancienne capitale des Gaules et l'empire du Soleil levant, la transition énergétique tisse de nouveaux fils, ceux de l'intelligence mise en réseau pour trouver les réponses adaptées aux enjeux de notre temps.

Île-de-France : de l'innovation pour la rénovation

Décembre 2012, dans les locaux du conseil régional d'Île-de-France à Paris. Sous la présidence de l'élue chargée de l'environnement, de l'agriculture et de l'énergie, se déroule l'assemblée générale pour la création de Posit'IF, une société d'économie mixte. Son objectif : trouver une solution efficace pour le financement des travaux d'isolation des logements.

Réduire fortement la consommation d'énergie des bâtiments existants en divisant par 2 ou 3 les factures est un enjeu essentiel. Mais comment faire dans une copropriété où les décisions ne se prennent qu'à la majorité absolue, lorsque l'écheveau des situations individuelles des habitants peut rendre toute décision quasiment impossible ?

Propriétaires ou locataires, jeunes ménages sans enfants, familles plus ou moins nombreuses, retraités aux maigres pensions : même si la bonne volonté de chacun est présente, il est très rare d'arriver à engager les travaux, et encore plus de garantir qu'ils seront réalisés correctement à un prix acceptable. Cela conduit à une paralysie catastrophique dans une région où les copropriétés représentent plus de 45 % des logements, contre 22 % en moyenne nationale. De plus, un grand nombre d'immeubles sont dégradés, avec des habitants en situation de grande précarité.

Face à ce constat, il était urgent de faire preuve d'imagination pour trouver des solutions adaptées. Mais comment lever les obstacles, à commencer par l'accès à un emprunt à un taux acceptable ? Et comment éviter les principaux écueils qui jalonnent le parcours du combattant que constitue tout projet de rénovation de logements ?

Laisser les copropriétaires se débrouiller avec des questions techniques qu'ils ne maîtrisent pas et se débattre à la recherche de montages financiers trop compliqués n'était plus possible. Le principe de Posit'IF est de créer une structure dont le métier est d'aider les copropriétaires dans leurs démarches initiales et de leur apporter le financement nécessaire sous forme d'emprunt à taux modéré. Le prêt sera remboursé grâce aux économies de charges réalisées avec la baisse attendue de leur facture énergétique.

Mais, pour que les ménages soient capables de payer les traites, encore faut-il que la qualité des travaux soit au rendez-vous ! Afin de ne laisser aucune place au hasard sur ce point crucial, c'est la structure prêteuse qui assure la coordination et le suivi des chantiers à la place des copropriétaires. Une solution aussi simple qu'efficace.

Grâce à l'apport en capital de plusieurs collectivités publiques franciliennes ainsi que de la Caisse des dépôts (la “banque de l'État”), le dispositif est actuellement testé sur un certain nombre d'opérations. En fonction du retour d'expérience, il pourra évoluer avant de faire appel au secteur privé, notamment les banques, les assurances et les promoteurs immobiliers.

Les 40 milliards d'euros d'investissement nécessaires pour rénover 2,5 millions de logements en copropriété d'Île-de-France ne sont pas une dépense de prestige. Des milliers de PME du bâtiment pourront ainsi créer des dizaines de milliers d'emplois permanents et non délocalisables. Toute cette activité générera impôts, charges sociales et TVA qui iront alimenter les caisses de l'État, de la Sécurité sociale et des collectivités locales, en leur permettant de retrouver rapidement leur mise, comme le montre le retour d'expérience des pays qui ont déjà mis en place des programmes d'action dans ce domaine.

Des actions simples et ordinaires, initiées par des citoyens convaincus. Des promesses d'un avenir qui reste ouvert, et la certitude que les réponses aux crises que nous traversons sont à portée de notre main.

2

ÉNERGIES EN CRISES

Marées noires dévastatrices, augmentation constante des émissions de gaz à effet de serre, bouleversement rapide du climat, épée de Damoclès du nucléaire... Ces dernières années, chaque jour ou presque nous a apporté son lot d'informations qui ne font que renforcer l'urgence à s'engager sur le chemin de la transition énergétique.

Celle-ci implique que chaque citoyen s'approprie l'énergie. Non pour en devenir un spécialiste, mais parce que c'est une composante essentielle de notre vie de tous les jours, et parce qu'elle détermine la société que nous préparons pour demain.

La première étape de cette appropriation consiste à mieux comprendre que le modèle énergétique du siècle dernier, fondé sur le pétrole, le charbon, le gaz et le nucléaire, n'est pas seulement à bout de souffle : il est l'une des causes de nos maux.

Or noir ou... merde du diable ?

Le pétrole est appelé "or noir" à juste titre : c'est un véritable trésor visqueux, dont chaque tonne contient plus de 3 fois plus d'énergie qu'une tonne de bois sec. Facile à manipuler, à transporter et à stocker grâce à sa forme liquide, il peut, une fois transformé, servir à tout ou presque : faire avancer automobiles et avions, chauffer les bâtiments, produire de l'électricité mais aussi fabriquer la multitude d'objets en plastique qui nous entourent.

Principal carburant de la croissance économique et de l'avènement du "confort moderne", il est devenu la première source mondiale d'énergie depuis le milieu des années 1960, au point de nous rendre totalement dépendants de lui. Sans pétrole, il nous est pratiquement impossible de nous déplacer : il assure 98 % de notre mobilité et du transport de nos marchandises – l'électricité pour les métros, trams, trains et autres TGV ne comptent que pour 2 %. Sans pétrole, notre système alimentaire et notre industrie chimique s'écroulent. Sans pétrole, la vie d'aujourd'hui s'arrête...

En 1859, à Titusville, en Pennsylvanie, le tout premier forage du colonel Drake produisait chaque jour à peine 2 mètres cubes de pétrole, soit environ 10 barils. Aujourd'hui, une seule journée de production mondiale, c'est 84 *millions* de barils...

Le mirage pétrolier s'est étendu à de nombreux pays, mais presque partout cette manne n'a servi qu'à enrichir des privilégiés, susciter des guerres, entretenir des dictatures, ravager des régions entières comme au Nigeria, en Irak ou dans le Caucase. Ce n'est pas sans raison que l'un des fondateurs de l'OPEP, le Vénézuélien Juan Pablo Pérez Alfonso, en parlait en ces termes dans les années 1970 : "Vous verrez, dans dix ans, dans vingt ans, le pétrole nous apportera la ruine... le pétrole est la merde du diable."

Notre dépendance atteint désormais ses limites. La totalité des réserves récupérables sur la Terre entière dans des conditions économiques raisonnables (on les appelle les "réserves prouvées") tiendrait dans un gros cube de seulement 6,4 kilomètres de côté. Nous avons déjà consommé plus de la moitié de ce réservoir, et nous continuons à le siphonner à raison de 160 mètres cubes à *chaque seconde* : notre consommation mondiale, c'est l'équivalent d'une gigantesque station-service où 800 000 pompes à essence fonctionneraient en permanence, jour et nuit.

Or, depuis le milieu des années 1980, la découverte de nouveaux gisements ne compense plus l'augmentation de la demande. Aujourd'hui, pour trois barils consommés nous n'en découvrons plus qu'un seul : à force de puiser dedans, le niveau du réservoir diminue, inexorablement.

Face au spectre de cette pénurie, certains sont prêts à aller chercher la moindre goutte toujours plus loin, toujours plus profond, au mépris des risques. Lors de la campagne présidentielle américaine de 2008, la candidate républicaine à la vice-présidence, Sarah Palin, en avait même fait un cynique cri de guerre : *"Drill, baby, drill !"* Fore, chéri, fore ! Et après nous le déluge.

Les projets d'exploitation des gisements de pétrole dit *non conventionnel* – huile de schistes, sables bitumineux ou forages en eaux très profondes – ne peuvent tout au plus que retarder l'échéance de quelques années : c'est reculer pour mieux sauter, tout en provoquant au passage de graves pollutions !

C'est le même problème avec le gaz dit "naturel", un peu moins polluant toutefois que le pétrole : les réserves réellement exploitables ne représentent que quelques dizaines d'années tout au plus.

Quant au charbon, il est nettement plus abondant, moins cher et mieux réparti sur la planète que le pétrole et le gaz naturel. C'est ce qui explique qu'il est aujourd'hui la première source mondiale de production d'électricité malgré ses lourds inconvénients : son extraction tue chaque année plus de 2000 mineurs, il rend l'air des villes irrespirable et il est à l'origine des "pluies acides" qui continuent à détruire les forêts dans certaines régions du monde.

Mais il y a plus grave encore : c'est le charbon qui produit le plus de ces gaz à effet de serre qui bouleversent le climat. Pourtant, comme il est facile à exploiter, sa part dans la consommation mondiale d'énergie tend à augmenter alors qu'il faudrait tout faire pour la réduire...

Le climat en surchauffe

Lorsqu'on brûle du pétrole, du gaz ou du charbon, la libération du carbone fossile qu'ils contiennent accroît la teneur en gaz carbonique de l'atmosphère d'année en année. Elle n'a jamais été aussi élevée depuis 800 000 ans, et cette modification rapide a déjà des répercussions considérables sur le climat. Car ce CO_2 emprisonne la chaleur de la Terre, augmentant les températures à la surface du globe.

Sorti des tuyaux d'échappement ou des cheminées des usines et des centrales électriques sous forme de gaz carbonique, le carbone fossile est relâché dans l'atmosphère où il séjournera durant environ un siècle... et où il est bien sûr impossible d'aller le récupérer !

Les milliards de tonnes qui s'accumulent ainsi ne sont que la somme de toutes nos petites émissions dont nous ne percevons pas la plupart du temps l'importance. Ainsi, de plein en plein à la station-service, l'usage durant 10 ans d'une petite voiture consommant 5 litres aux 100 kilomètres envoie dans l'atmosphère 30 tonnes de gaz carbonique, soit au moins 25 fois le poids de la voiture !

Les signes de l'accélération des changements climatiques sont de plus en plus clairs. Déjà, les neiges du Kilimandjaro ne sont plus éternelles : 85 % de la couche de glace présente en 1912 a disparu un siècle plus tard.

En septembre 2009, l'Américain Lewis Pugh a pu traverser le pôle Nord... à la nage : les glaces n'y étaient plus assez épaisses pour être permanentes. Fin juillet 2012, pour la première fois, seuls 3 % de la surface de l'immense calotte glaciaire du Groenland n'avaient pas commencé à fondre. Si celle-ci devait disparaître en totalité – une éventualité que l'on ne peut plus exclure –, le niveau des mers du globe monterait de 7 mètres... Si les prévisions se vérifient, plusieurs centaines de millions de personnes de par le monde seront obligées de quitter leurs lieux de vie, comme les habitants des îles Tuvalu en Océanie se préparent déjà à le faire.

Le bouleversement des grands équilibres de la biosphère fragilise encore plus ceux qui sont déjà les plus exposés. L'Organisation internationale pour les migrations estime que le climat et la dégradation de l'environnement ont déjà causé davantage de déplacements de populations que les conflits armés, et elle craint qu'ils soient la source de nouveaux conflits.

Alors que le lien étroit entre le changement climatique et les émissions de gaz à effet de serre dues à l'activité humaine est attesté par des milliers d'observations scientifiques dans des disciplines très différentes, on entend parfois des voix affirmer que l'Homme ne serait pour rien dans ces évolutions. Une enquête publiée par la revue *Environmental Politics* a démontré que 92 % des auteurs des 150 livres qui remettent en cause le changement climatique étaient liés à un club de réflexion conservateur ou néolibéral, ces fameux *think tanks* proches de l'industrie pétrolière ou gazière américaine. Leur seul objectif? Gagner toujours plus d'argent. Leur stratégie? Jeter le doute sur toute découverte scientifique risquant d'avoir pour conséquence une régulation du marché, notamment par des règles environnementales plus strictes. Ils n'en sont pas à leur coup d'essai : c'est exactement ce qu'ils avaient fait à propos du lien entre tabac et cancer ou de la relation entre le trou dans la couche d'ozone et les gaz réfrigérants (CFC).

Désormais, on ne peut plus dire que le climat va changer : il a déjà commencé à le faire, et à folle allure. On observe aujourd'hui des phénomènes qu'on nous prédisait, il y a seulement quelques années, pour 2030, comme la remontée de gaz du fond des océans polaires ou la disparition du permafrost, la couche de sol gelée en permanence dans la taïga sibérienne.

La conclusion s'impose : si nous voulons garder la planète vivable, il faut absolument laisser les gisements de pétrole, de gaz et de charbon dans le sous-sol où ils ont mis plusieurs centaines de millions d'années à se former, et nous tourner aussi rapidement que possible vers d'autres solutions pour répondre à nos besoins.

C'est déjà difficile à faire lorsque ces gisements se trouvent à des milliers de kilomètres de chez nous et que nous creusons notre déficit commercial lorsque nous importons les produits qui en sont issus, mais comment résister à la tentation lorsqu'on apprend que nous en avons aussi sous les pieds, et que le fumet qui s'en dégage a déjà commencé à faire tourner les têtes ?

Dans l'eau, une bizarre odeur de gaz...

"Si la vérité ne sort pas du puits, c'est qu'elle a peur de se mouiller !" disait joliment Marcel Aymé. Une pensée qui s'applique parfaitement aux gaz de schistes qui seraient, à en croire certains, un trésor sous nos pieds, susceptible de transformer la France en un nouveau Qatar.

À 2 000 ou 3 000 mètres sous terre, les schistes, qui sont des roches argileuses, contiennent du gaz, du méthane fossile non pas emprisonné dans des cavités, mais disséminé dans la roche elle-même. Des techniques apparues récemment permettent de le récupérer en injectant à très haute pression dans un puits de forage un mélange d'eau, de sable et de produits chimiques qui crée des mini-séismes et fait remonter le gaz en surface : c'est la *fracturation hydraulique*, seule technique d'extraction aujourd'hui disponible.

Attirés par l'odeur du gaz et des profits mirifiques qui vont avec, les grandes compagnies et leurs actionnaires ont vite appris à exploiter cette nouvelle manne. Fin 2010, 493 000 puits avaient déjà été mis en service aux États-Unis, qui sont devenus exportateurs de gaz en 2012 alors qu'ils en importaient depuis toujours. La Chine, la Russie, la Pologne et d'autres cherchent à leur emboîter le pas.

Tout gazerait donc pour le mieux dans le meilleur des mondes si cette technique ne présentait pas des risques très graves, à commencer par la pollution irréversible de l'environnement local : l'eau de fracturation contient plusieurs centaines de produits chimiques dont la liste est couverte par le secret industriel, vitrine légale de l'opacité.

La vérité commence à être connue : certains des produits utilisés sont de ceux qui provoquent cancers, mutations génétiques et problèmes de stérilité. Après avoir côtoyé le radon contenu dans les schistes, l'eau injectée ressort bien souvent radioactive ; les sols sont durablement souillés et impropres à toute culture.

Mais ce n'est pas la seule raison pour renoncer définitivement à ce cadeau empoisonné : entre les inévitables fuites et l'énergie nécessaire à l'extraction, au traitement et au transport du gaz, sa contribution au changement climatique est encore pire que celle du charbon. Sans compter les inconnues qui pèsent sur la ressource réelle en gaz de schistes : lorsque la bulle est crevée, le gaz se libère rapidement, il y en a pour quelques mois, quelques années tout au plus, puis il faut recommencer à forer un peu plus loin...

Même si une nouvelle technique d'extraction aujourd'hui inconnue et très probablement coûteuse permettait un jour de limiter les impacts environnementaux, il y a bien d'autres endroits où investir plus utilement le peu d'argent dont nous disposons, plutôt que de chercher à retarder encore une fois notre engagement dans une véritable transition énergétique.

Dégâts irréversibles à l'environnement, bilan énergétique et climatique catastrophique, coût exorbitant, auxquels s'ajoutent l'absence de consultation des populations, l'opacité quant aux technologies employées, le déni des risques et des conséquences : il est des boîtes de Pandore qu'il vaudrait vraiment mieux ne pas ouvrir...

Il faut nous y faire : le temps des énergies fossiles faciles est révolu. Nous n'avons pas le droit d'attendre que tous les gisements soient épuisés pour cesser de brûler ces molécules si précieuses pour assouvir nos besoins énergétiques. Nous devons les réserver au meilleur de leur usage, là où elles restent pour le moment irremplaçables : la pétrochimie, les matières plastiques, certains médicaments.

Cependant, certains voudraient nous faire croire qu'en remplacement des fossiles, nous avons sous la main un "atout que le monde entier nous envie" : le nucléaire.

L'atome en vaut-il la chandelle ?

Lors du choc pétrolier de 1973, la France, comme tous les pays riches, dépendait presque totalement du pétrole pour son approvisionnement énergétique, y compris pour produire son électricité. Le gouvernement de l'époque décida, sans consulter les Français ni les parlementaires, de lancer un programme de construction de centrales nucléaires d'une ampleur sans précédent. La France est ainsi devenue le pays le plus "nucléarisé" du monde, produisant avec l'atome 78 % de son électricité.

Mais le nucléaire n'est pas une industrie comme les autres. Pour s'en convaincre, il suffit de se poser cette question toute simple : les 12 millions d'habitants de l'Île-de-France sont-ils prêts à évacuer pour une durée indéterminée la région parisienne en cas d'accident à la centrale de Nogent-sur-Seine, située à moins de 100 kilomètres de Paris ? Les Lyonnais sont-ils prêts à faire de même, eux qui se trouvent à 30 kilomètres de celle du Bugey ?

Les conséquences corporelles, psychologiques, sociales et économiques d'un accident sont si effrayantes et si durables que seul le "risque zéro" est acceptable. Mais les Japonais, qui ont eux-mêmes introduit la culture du "zéro défaut" dans l'industrie, ont fait avec Fukushima l'amère expérience qu'il était impossible à atteindre : Tokyo, située non pas à 30 ou 100 kilomètres mais à 250 kilomètres de là, n'a échappé à l'évacuation que grâce à un changement providentiel de la direction du vent.

Il faut bien sûr se réjouir que la France n'ait à ce jour connu aucun accident majeur – même s'il s'en est fallu de vraiment très peu à plusieurs occasions comme à Saint-Laurent-des-Eaux ou au Blayais. Mais les premiers réacteurs français issus du programme de 1973 ont largement dépassé la limite des trente ans de fonctionnement pour lesquels ils avaient été conçus. L'apparition de microfissures dans l'acier des cuves des réacteurs, bombardées en permanence par des radiations extrêmement puissantes, nous rappelle que la probabilité d'une catastrophe augmente inéluctablement avec le vieillissement de ces organes vitaux qui sont impossibles à changer sans démanteler totalement l'installation. Le physicien nucléaire Bernard Laponche le résume avec lucidité : "L'énergie nucléaire est le moyen le plus dangereux de faire bouillir l'eau chaude" !

Le risque d'accident n'est pas le seul danger lié au nucléaire. Malgré des sommes colossales englouties dans la recherche depuis la première pile atomique en 1942, on ne sait toujours pas rendre inoffensives les milliers de tonnes de déchets hautement dangereux qui s'accumulent à la sortie des réacteurs. Alors, on les entasse sur des étagères et on envisage de les enterrer pour une durée défiant toute mesure humaine : l'autruche, décidément, nous sert de modèle énergétique !

L'extrême dangerosité du nucléaire impose de prendre des précautions qui ne font qu'augmenter au fur et à mesure que l'on tire de nouvelles leçons des accidents répertoriés à travers le monde, ce qui conduit inéluctablement à un renchérissement des coûts de production. Ceci va à l'inverse de l'un des principes de base qui régit toute l'industrie, quel que soit le secteur considéré : plus une technologie se développe, moins elle coûte cher.

Les énergies renouvelables, en revanche, obéissent à cette règle de l'économie par l'apprentissage, au point que l'on sait déjà avec certitude, comme le reconnaît un rapport de la Cour des comptes publié en 2011, que les kilowattheures produits aujourd'hui par des éoliennes terrestres sont moins chers que ceux qui seront peut-être produits un jour par les réacteurs EPR en cours de construction en Finlande et dans le Cotentin...

Un autre argument du nucléaire mérite d'être révisé : celui de l'indépendance et de la sécurité d'approvisionnement. Depuis 2001, plus un seul gramme d'uranium n'est extrait du sous-sol de la France : nous l'achetons au Kazakhstan, au Canada, en Australie et au Niger. Pourtant, le nucléaire est comptabilisé comme une énergie 100 % nationale : abus de langage ou mensonge éhonté ? Si l'on faisait de même avec les carburants, on dirait que l'essence achetée à la pompe, dès lors qu'elle a été raffinée à Fos-sur-Mer,

Feyzin ou Petit-Couronne, est 100 % française et participe à notre indépendance !

Certes, les émissions directes de gaz à effet de serre du nucléaire sont limitées, mais elles sont loin d'être nulles entre l'extraction du minerai, la construction des réacteurs et le transport des matières radioactives. Surtout, cet avantage ne peut pas suffire à compenser tous les inconvénients, entre risque d'accident majeur et lourd fardeau qui pèse sur les épaules des générations futures : le nucléaire n'est tout simplement pas compatible avec les critères d'un authentique développement durable.

Fausses solutions à de vrais problèmes, les gaz de schistes et le nucléaire ne sont pas en mesure d'apporter des réponses à la hauteur des enjeux. Pire : ils ne font qu'aggraver les menaces et retardent encore toute politique énergétique voulant rompre avec un modèle dépassé.

Des gaspillages à la pelle

Face à ces constats inquiétants, on aurait pu espérer que les individus et les sociétés se mettent à utiliser avec sagesse et parcimonie les ressources énergétiques qui les font vivre. Il n'en est rien.

Les gaspillages d'énergie sont colossaux : on les estime à 60 % de la consommation mondiale. Autrement dit, là où nous avons besoin de 4 kilowattheures, il nous faut en produire 10 ! Exagérée, cette estimation ? Il suffit de quelques exemples pour se convaincre du contraire.

Prenons une situation courante, celle d'une télévision allumée 3 heures par jour et qui reste en veille le reste du temps. Dans ces conditions, elle va consommer en un an autant d'électricité lorsque l'écran est noir et que personne n'est devant que lorsque quelqu'un de la famille en profite. Comme elle, de très nombreux appareils électriques consomment une grande partie du temps en restant en veille pour *rien*, sans aucune utilité, par facilité.

L'analyse de la consommation d'énergie de plusieurs grands *data centers* du monde a montré que les innombrables opérations effectuées par les serveurs informatiques géants n'utilisent qu'entre 6 et 12 % de toute l'électricité consommée. Le reste – 9 kilowattheures sur 10, donc – sert pour l'essentiel à maintenir en veille d'autres serveurs, prêts à être utilisés au cas où un soudain surcroît d'activité risquerait de ralentir la vitesse des calculs...

Et ce n'est pas mieux derrière la prise : les pertes dans la production et l'acheminement d'électricité sont monumentales. Le rendement d'une centrale nucléaire actuelle est de 33 %. Les deux tiers restants, c'est de la chaleur qui est rejetée dans les fleuves, la mer ou l'atmosphère. Dans les 58 réacteurs français, la quantité totale de chaleur perdue est de l'ordre de 830 milliards de kilowattheures, une quantité supérieure à *la totalité* des consommations de chaleur pour le chauffage et l'eau sanitaire de *tous* les bâtiments de la France entière, qu'il s'agisse de logements, de bureaux, de commerces ou d'équipements divers. Présenté officiellement comme beaucoup plus performant, le réacteur EPR en construction à Flamanville ferait en réalité passer ce rendement de 33 à... 35 % – tout en coûtant au moins 2,5 fois plus cher que le devis initial !

Parfois, la "fée électricité" semble s'être transformée en sorcière à notre insu... mais elle ne doit pas être la seule accusée, loin de là !

Le chauffage des logements est aussi un gouffre de consommation, avec en moyenne un besoin de 250 kilowattheures par mètre carré et par an pour maintenir une température acceptable. Pourtant, on sait aujourd'hui construire des logements qui n'ont besoin que de 15 à 25 kilowattheures par mètre carré, soit plus de 10 fois moins ! Et on sait aussi diviser par 3 ou par 4 les besoins de ceux qui sont déjà construits, simplement en isolant avec soin la toiture et les murs et en changeant les fenêtres...

Les transports ne sont pas en reste : là aussi, les gaspillages sont considérables. La congestion automobile, par exemple, génère d'énormes pertes d'énergie et de temps. Selon une étude de l'Institut du transport du Texas, le coût des embouteillages aux États-Unis a été multiplié par 5 entre 1982 et 2007. La France n'est pas mieux lotie : en 2011, chaque automobiliste est resté coincé dans sa voiture en moyenne 36 heures, l'équivalent d'une semaine complète de travail ! Et les Franciliens, pas moins de 60 heures, soit 2 jours et demi non-stop, 1 heure de plus que l'année précédente.

Tous nos biens de consommation semblent contaminés par une fièvre voyageuse. Ainsi, une étude restée fameuse a montré que les ingrédients constituant un simple yaourt à la fraise parcourent plus de 9 000 kilomètres entre l'exploitation agricole, la laiterie, la fabrication du pot et du couvercle, l'usine de conditionnement, le grossiste, la plate-forme logistique et le supermarché. Le quart du tour de la Terre pour un produit que l'on peut très bien faire – et souvent mieux – à la maison !

Des inégalités insupportables

De tels gaspillages sont ahurissants, surtout lorsque, à côté de ça, la précarité énergétique s'étend…

Dans notre pays qui figure pourtant parmi les cinq plus riches du monde, elle frappe déjà plus de 3 millions de ménages, soit près de 8 millions de personnes. Dans l'Union européenne, 90 millions de personnes, soit 1 habitant sur 8, répondent au critère officiel – par ailleurs discutable – de la précarité énergétique, qui est de consacrer plus de 10 % de ses revenus annuels à se chauffer.

Cette situation n'est pas réservée qu'aux plus démunis : avec l'augmentation régulière du prix de toutes les énergies, dont bien sûr les carburants, elle a déjà commencé à gagner les catégories moyennes de la société, retraités en milieu rural ou habitants des nombreuses maisons individuelles mal isolées situées dans les zones périphériques des grandes villes, éloignées des transports en commun.

Rappelons-nous qu'aux États-Unis, le prix trop élevé de l'énergie a été l'une des principales causes du déclenchement de la crise des *subprimes* en privant les ménages fragiles d'une part de plus en plus importante de leurs revenus, au point de les rendre incapables de rembourser leurs emprunts.

Éponger les factures d'énergie ou financer des tarifs sociaux à grand renfort d'argent public permet de limiter la casse en masquant les effets, mais pas de s'attaquer aux causes. Pour cela, il vaudrait mieux, dans le cadre d'un vaste programme coordonné de rénovation énergétique, financer prioritairement les travaux des logements des ménages les plus pauvres : une priorité sociale autant qu'écologique.

Inquiétante chez nous, la précarité énergétique est un fléau majeur à l'échelle mondiale : 2,5 milliards de nos semblables n'ont tout bonnement pas accès à l'électricité, des centaines de millions de femmes usent leur vie à aller chercher toujours plus loin le bois de feu indispensable à la cuisson de la nourriture de base pour leur famille.

Le minimum vital pour se chauffer, s'éclairer, cuisiner, communiquer ou avoir accès à l'éducation est loin d'être garanti à tous les êtres humains : gaspiller l'énergie n'en est que plus scandaleux...

Fukuchimères

Au Nord-Est du Japon, 11 mars 2011, 16 heures, heure locale. À la suite d'un tremblement de terre, un tsunami de 14 mètres de haut frappe la centrale nucléaire de Fukushima Daiichi, déjà endommagée par le séisme. Le mur de protection ne dépassant pas 5,70 mètres, la vague submerge les pompes de refroidissement. Une heure plus tard, les générateurs diesel de secours s'arrêtent : aucun des 6 réacteurs n'est plus refroidi. Le monde entier, incrédule, regarde alors le pays symbole de très haute technologie se débattre dans une totale improvisation, noyant les réacteurs à l'eau de mer, arrosant à l'aveuglette les piscines de combustible, lâchant des sacs remplis d'eau depuis un hélicoptère, rebouchant une fuite de liquide fortement contaminé avec du ciment et du papier journal, déversant finalement en mer, "par mesure de sécurité", le trop-plein d'eau radioactive...

Résultat : un traumatisme économique et social sans précédent, des dizaines de milliers de personnes déplacées, une région grande comme la Belgique inhabitable pendant des décennies. Dix-huit mois plus tard, un rapport commandité par la Diète, le Parlement japonais, reconnaît que l'accident est d'origine humaine : mépris du risque, absence de mesures préventives, impréparation des équipes d'intervention, manque d'organisation des secours, trop grande proximité entre l'autorité, le "gendarme du nucléaire", et l'industrie.

Un diagnostic identique à celui de la catastrophe de Tchernobyl 25 ans plus tôt, qui a précipité la chute d'un empire qui se croyait éternel : à qui le tour ?

Deux ans avant Fukushima, dans le golfe du Mexique, un défaut d'étanchéité provoquait l'explosion et l'incendie de la plate-forme pétrolière Deepwater Horizon. La tête du puits, endommagée, laissa s'échapper le pétrole par 1 500 mètres de fond. Grâce aux webcams, le monde entier vit en direct BP tenter de colmater la fuite dans une incroyable improvisation, alliant bouchons de ciment, balles de golf, entonnoirs inversés et autres bricolages dignes du concours Lépine. Les 700 millions de litres de pétrole libérés ont gravement souillé les eaux et les rivages de la Floride et du Texas, mais cette catastrophe n'a pas fait reculer d'un iota l'avidité des compagnies pétrolières. Bien au contraire, Shell veut maintenant forer par 6 000 mètres de fond au large de la Guyane et les projets se multiplient dans l'écosystème extrêmement fragile de l'océan Arctique. *"Drill, baby, drill !"*

Fukushima, Tchernobyl, Deepwater Horizon. Trois catastrophes récentes mais pourtant si semblables : au départ, l'arrogante certitude d'être capable de tout maîtriser ; puis des erreurs humaines qui conduisent à l'irréparable et font comprendre trop tard qu'on s'était trompé ; et pour finir une pollution insidieuse, souvent invisible, se répandant sur des milliers de kilomètres carrés. L'environnement est rendu invivable pour des décennies, les dégâts se comptent en centaines de milliards d'euros et en cohortes de drames humains que nul argent ne réparera jamais.

Fukushima, Tchernobyl, Deepwater Horizon...

Trois chimères modernes qui ont échappé à leurs créateurs orgueilleux, à ces hommes qui croient pouvoir s'affranchir sans limites d'une nature dont ils sont pourtant totalement dépendants.

3

LA TRILOGIE DU BON SENS

Que faire une fois que l'on a compris la gravité de toutes ces crises et de ces dangers qui nous menacent tous en même temps ? Replonger la tête dans le sable, ou chercher les vraies solutions ?

Comment choisir, parmi les options qui s'offrent à nous, celles qui nous placeront sur le bon chemin sans que nous risquions de le regretter un jour ?

Répondre à ces questions exige de prendre le temps de l'information et du débat, de réfléchir posément sur le long terme et non avec passion dans l'instant, de ne pas céder à la facilité, de débusquer les fausses promesses et de tordre le cou à quelques idées reçues.

Le nucléaire parfait existe, vous l'avez rencontré

Le mythe de l'atome salvateur est aujourd'hui bien fissuré. Ce n'est plus seulement une poignée d'écologistes qui dénoncent les impasses de l'industrie nucléaire : économistes, assureurs et banquiers se montrent de plus en plus réticents. Certains grands industriels mondiaux, tel l'allemand Siemens, se retirent d'un secteur jugé sans avenir et de grands électriciens européens comme ENEL (l'EDF italien) leur emboîtent le pas. Partout où les populations sont consultées, comme au Danemark, en Italie ou en Suisse, ou lorsque les partenaires sociaux sont invités à prendre réellement leurs responsabilités, comme en Allemagne, l'option nucléaire est clairement rejetée.

Dans une France de plus en plus isolée, les promoteurs de l'atome s'accrochent pourtant à leurs rêves de *filières du futur* : on nous promet des réacteurs "intrinsèquement sûrs", qui n'existent pour le moment que sur le papier. Certains sont même prêts à dépenser pour le programme de recherche ITER des dizaines de milliards d'euros en espérant parvenir, d'ici au mieux à la fin du siècle, à exploiter – peut-être – la *fusion nucléaire.*

L'argent coule donc à flots pour d'hypothétiques recherches qui servent surtout à entretenir le rêve prométhéen d'un homme tout-puissant, mais se fait très rare lorsqu'il s'agit de résoudre les problèmes criants d'aujourd'hui. Le plus navrant, c'est que ces recherches portent sur... ce qui a déjà été découvert ! En effet, cela fait déjà belle lurette que nous possédons un réacteur nucléaire qui n'est certes plus de toute première jeunesse, mais qui, lui, fonctionne à merveille.

C'est un réacteur de fusion de grande taille, suffisamment bien confiné et éloigné pour que les rayons qu'il émet nous soient entièrement bénéfiques. Un réacteur qui recycle lui-même ses propres déchets hautement radioactifs, qui a devant lui 7 milliards d'années de fonctionnement gratuit, sans entretien, sans contrat de maintenance ni d'assurance, et qui se débrouille tout seul pour distribuer son énergie sur toute la planète. Un réacteur qui se trouve à 150 millions de kilomètres au-dessus de nos têtes...

Le Soleil – car il s'agit de lui, bien sûr – nous prodigue généreusement son énergie sous forme de chaleur et de lumière. Il est à l'origine du cycle de l'eau, qui fait couler les rivières, et des écarts de températures, qui provoquent le vent. La photosynthèse qu'il alimente permet la croissance des plantes et des arbres qui constituent la *biomasse*, une ressource énergétique essentielle qui prend diverses formes : bois et autres combustibles, biogaz, carburants végétaux, etc.

Alors que les réserves de matières fossiles et nucléaires présentes dans le sous-sol ne représentent tout au plus que quelques dizaines d'années de la consommation mondiale actuelle, le Soleil envoie sur la Terre *chaque année* plus de 10 000 fois la quantité totale d'énergie consommée par l'ensemble de l'humanité. La seule limite de l'énergie solaire est, en fait, notre capacité à la capter et à la transformer pour la rendre utilisable sous une forme adaptée à nos besoins.

Et ce n'est pas tout ! Nous bénéficions des largesses d'un deuxième réacteur nucléaire, non pas de fusion, mais de fission celui-là, comme nos centrales actuelles. Il ne se trouve pas au-dessus de nos têtes mais sous nos pieds, au cœur du noyau de la Terre, où il est confiné en toute sécurité par 6 000 kilomètres de roches à travers lesquels seule la chaleur arrive à passer – c'est pour cela qu'on l'appelle *énergie géothermique*.

Pourquoi nous acharner à vouloir imiter, d'une manière qui sera toujours imparfaite et dangereuse, ce que la nature a mis à notre disposition depuis la nuit des temps et jusqu'à la fin de notre monde ?

Renouvelons nos énergies !

Les énergies renouvelables sont moins concentrées que les énergies fossiles, qui ont mis des centaines de millions d'années à se constituer, ou que le nucléaire, tellement concentré justement que c'en est un problème.

Certes, la disponibilité de certaines d'entre elles dépend de phénomènes hors de notre contrôle, mais tout à fait prévisibles, comme la météo ou l'alternance entre le jour et la nuit, et cela ne les empêche pas d'être capables de subvenir à la totalité de nos besoins. Propres, abondantes et inépuisables, elles ont bien d'autres atouts : leur grande diversité, leur caractère diffus et leur répartition généreuse sur l'ensemble de la planète.

Toutes les échelles de puissance sont concernées, depuis l'alimentation d'une calculette avec quelques centimètres carrés de cellules photovoltaïques jusqu'à des parcs d'éoliennes maritimes géantes raccordés au continent par des câbles électriques sous-marins, en passant par des chaufferies au bois alimentant des réseaux de chaleur urbains ou des flottes d'autobus roulant au biogaz récupéré sur une décharge municipale.

Selon la filière et la puissance en jeu, un particulier peut les exploiter pour ses propres besoins (chauffe-eau solaire, poêle à bois), une commune, assurer une mission de service public avec une chute d'eau municipale dans un massif montagneux, ou une entreprise, développer une activité commerciale à part entière de production d'énergie.

Aujourd'hui, les principaux freins au développement des énergies renouvelables ne sont pas d'ordre technique : même si des progrès restent à faire, on maîtrise déjà très bien la plupart des filières. Ils ne sont pas non plus économiques : si l'investissement est généralement élevé, le fonctionnement est le plus souvent peu coûteux quand il n'est pas quasiment gratuit.

En fait, le blocage vient des grands opérateurs publics et privés qui dominent le secteur de l'énergie : habitués à des situations de monopole ou de cartel plus ou moins avouées, ils ne voient pas d'un bon œil la perspective que particuliers, entreprises et collectivités subviennent à leurs propres besoins et s'organisent pour exploiter de manière autonome les ressources présentes dans leur environnement immédiat. Cherchant à maintenir leur domination, ces opérateurs n'hésitent pas à user de leur pouvoir d'influence pour mettre des bâtons dans les roues de l'*exploitation citoyenne* des énergies renouvelables. Et si d'aventure ils développent des projets, c'est souvent en reproduisant les excès des modèles centralisés du passé.

Les renouvelables, mais pas à n'importe quelles conditions

Dans ce registre, le pire exemple est sans doute le gigantesque barrage des Trois-Gorges sur le Yang-tseu, en Chine. Certes, il produit à lui seul plus que tous les barrages de rivières et de lacs français, mais il a entraîné l'immersion définitive d'une magnifique vallée de 1 500 kilomètres carrés, le déplacement de dizaines de milliers de familles et la disparition irrémédiable d'espèces naturelles rares. Un impact énorme pour une production bien faible à l'échelle du pays : cette centrale, qui est la plus puissante au monde, ne produit que 2 % de l'électricité de la Chine, où le charbon assure encore 84 % des besoins. Et la demande croît tellement là-bas que ce barrage n'a pu compenser que deux mois de la seule augmentation de la consommation !

La France est loin d'être exempte de ces excès d'une vision centralisée qui arrive même à contaminer les énergies renouvelables. Le barrage hydroélectrique de Petit-Saut en Guyane, dont la retenue s'étend sur une surface 3 fois plus vaste que la ville de Paris, a ainsi entraîné des dégâts considérables sur un environnement fragile et provoqué d'énormes émissions de gaz à effet de serre à cause de la décomposition de la végétation, inondée après la mise en eau.

Dans un autre domaine, est-il justifié de maintenir une fiscalité très avantageuse pour la production industrielle de biocarburants comme l'éthanol et le biodiésel ? Cela fait vivre quelques centaines de grands producteurs betteraviers ou céréaliers, mais le bilan énergétique et environnemental est loin d'être convaincant. Dans le même temps, on interdit la commercialisation de l'huile végétale pure, produite sans transformation par les petits agriculteurs. C'est pourtant pour ce carburant écologique

que Rudolf Diesel avait inventé, à la fin du XIXe siècle, le moteur qui porte son nom !

La France est "bénie des dieux" pour les énergies renouvelables : un ensoleillement jalousé par les Européens du Nord, le second gisement de vent du continent, une biomasse aussi abondante et variée que nos territoires, une excellente ressource hydroélectrique dans nos différents massifs montagneux... Ce bouquet de renouvelables peut nous sortir définitivement de toutes les crises sous-tendues par l'énergie et nous garantir sur le long terme un approvisionnement respectant les équilibres physiques, climatiques, environnementaux et humains nécessaires à notre existence. Nous y arriverons plus facilement et à moindre coût si nous sommes capables de supprimer en même temps les incroyables gaspillages présents dans tous les domaines de notre vie privée ou collective.

Car c'est bien là le premier pas pour nous affranchir de notre dépendance aux énergies du passé : réduire la quantité d'énergie nécessaire pour assurer nos besoins de chauffage et de mobilité et pour faire fonctionner nos équipements. Faire preuve, en deux mots, d'*efficacité énergétique*.

Consommer moins pour faire mieux

Limiter les pertes de chaleur des bâtiments, accroître la performance et le rendement des appareils, traquer et éliminer toutes les pertes : l'*efficacité énergétique* permet de faire mieux en consommant moins. Avec elle, de spectaculaires et bien pacifiques révolutions sont à notre portée.

Ainsi, entre un logement mal isolé, traversé par les courants d'air et peu ensoleillé l'hiver et un autre de même superficie mais conçu et construit selon les principes de l'habitat passif, la consommation d'énergie de chauffage peut être divisée par... 10 !

Une lampe à LED à haute performance consomme 20 fois moins qu'une ampoule à filament de 100 watts pour le même éclairage, un réfrigérateur de classe A ++, 3 fois moins que son équivalent des années 1990, une voiture électrique urbaine, 5 fois moins qu'une petite berline actuelle.

Notre monde a baigné dans l'énergie facile : tant qu'elle était bon marché et abondante, on ne se préoccupait pas de l'efficacité de nos bâtiments, appareils, outils, engins et autres véhicules. Mais il existe déjà des ascenseurs qui consomment 2 fois moins que les autres, des veilles 100 fois plus économes à 0,1 watt, des fenêtres aussi isolantes qu'un mur... Sur tous nos équipements, les gains en efficacité peuvent être spectaculaires si l'on se penche sérieusement sur la question.

L'efficacité ne se mesure pas qu'au niveau de l'utilisation, mais aussi, en amont, au niveau de la production et de l'acheminement de l'énergie jusqu'au consommateur final, tout au long de ce que l'on appelle la *chaîne énergétique* qui permet de transformer une *source primaire*, que l'on trouve dans la nature, en une *énergie finale*, celle qu'on achète au compteur électrique ou à la station-service.

Cette transformation est particulièrement peu efficace lorsque l'électricité est produite à partir d'une source de chaleur entraînant un alternateur, technique majoritairement utilisée en France avec le charbon, le pétrole, le gaz, mais aussi avec le nucléaire. Les lois de la thermodynamique sont incontournables : seulement un tiers de l'énergie de départ est converti à la sortie en électricité, alors que les deux tiers restants se perdent en chaleur.

Un bon moyen d'améliorer ce faible rendement est d'utiliser cette chaleur pour chauffer des bâtiments ou alimenter un procédé industriel : c'est ce qu'on appelle la *cogénération*. Cette solution n'est pas applicable avec le nucléaire puisque l'implantation des centrales au milieu des villes, là où il y a le plus besoin de chaleur, n'est pas envisageable pour des raisons évidentes de sécurité.

Les économies d'énergie qu'apporterait l'emploi systématique des techniques les plus efficaces actuellement disponibles varient bien sûr d'un secteur à l'autre, mais elles représentent près de la moitié de toute l'énergie produite et consommée aujourd'hui en France.

Réduire nos besoins à la source

Le potentiel d'efficacité est impressionnant, mais il n'est pas encore suffisant : avant de trouver *comment* répondre le plus efficacement à nos besoins, il faut en fait nous interroger sur le *pourquoi* de ces besoins. Sont-ils vraiment essentiels ? Certains ne seraient-ils pas plus futiles qu'utiles ?

La réflexion sur la *sobriété énergétique* nous invite à nous interroger avant tout sur nos usages : un appareil ou un équipement très efficace, donc avec un très bon rendement, peut s'avérer gaspilleur si son usage est disproportionné, mal adapté ou carrément inutile.

Ainsi, un réfrigérateur de 300 litres peut avoir une excellente isolation et un circuit de refroidissement très performant. Mais s'il est presque toujours vide parce que son unique utilisateur n'y laisse qu'un morceau de fromage et quelques canettes, il consommera *en toute inutilité* bien plus qu'un réfrigérateur plus petit, mieux adapté à l'usage qui en est fait.

De nombreuses campagnes de mesures dans des bureaux ont montré que la durée de fonctionnement des ordinateurs, c'est-à-dire le temps pendant lequel ils consomment de l'énergie, peut atteindre 80 heures par semaine : étonnant lorsque la durée légale du travail est de 35 heures !

Les vitrines des magasins sont souvent équipées de lampes à très faible consommation, mais ce n'est pas une raison pour les laisser allumées toute la nuit au seul bénéfice des chiens et chats errants. La sobriété consistera alors à prévoir un éclairage de sécurité qui ne s'allume que si une présence ou une intrusion est détectée.

La sobriété renvoie à l'intelligence de l'usage, l'efficacité à la performance de l'équipement. Ces deux composantes se complètent l'une l'autre pour minimiser l'énergie qu'il sera nécessaire de produire, et cette complémentarité permet d'atteindre des résultats étonnants.

Prenons l'exemple d'un trajet de 50 kilomètres que quelqu'un doit parcourir pour se rendre à une réunion de travail. S'il s'y rend seul dans une grosse berline consommant 8 litres aux 100 kilomètres, 4 litres de carburant seront nécessaires. Avec un véhicule de même gamme, mais plus aérodynamique et au moteur plus efficace consommant 6 litres aux 100 kilomètres, 3 litres suffiront. L'efficacité apporte une économie de 25 %.

La sobriété amplifie cet effet. Un véhicule de deux places, plus petit donc moins lourd, demandant 4 litres aux 100 kilomètres, permet de diviser le besoin en énergie par 2. Et si l'on pratique le covoiturage avec un autre participant à la même réunion, ou un passager se rendant à la même destination, chacun couvrira son propre *besoin de mobilité* avec un seul litre d'essence. Une économie de facteur 4, c'est-à-dire une division par 4.

Mais ce beau résultat peut encore être pulvérisé. Le véritable besoin pour les participants n'est pas de se déplacer, mais de se réunir pour pouvoir échanger. S'ils optent pour une vidéo-conférence, le besoin individuel en énergie se réduira à l'électricité nécessaire aux moyens de communication, divisée par le nombre de participants. Un facteur 100, au moins ! Pour y parvenir, encore faut-il résister à la force de l'habitude et s'organiser pour qu'une vidéo-conférence devienne possible ne nécessite le plus souvent qu'un faible effort.

Somme toute, la sobriété, c'est rompre avec la facilité, réfléchir au service à assurer, utiliser nos neurones plutôt que du carburant. Pour bien la définir, le plus simple est peut-être de parler de son opposé : l'ébriété énergétique.

L'abondance apparente d'énergie dans laquelle nous baignons agit en effet comme une forte dose d'alcool. Elle nous permet d'échapper rapidement à la réalité pour un plaisir confus et éphémère, inévitablement suivi, dans un petit matin qui déchante, d'une gueule de bois fort peu agréable...

Ni abstinence ni rationnement imposé, la sobriété nous invite, comme la dégustation d'un bon vin, à renforcer notre plaisir de vivre en refusant consciemment le gaspillage qui est un affront au bon goût : un verre d'énergie, ça va, trois verres, bonjour les dégâts !

Elle est finalement l'expression de ce qui est la contrepartie indissociable de notre liberté : notre responsabilité en tant qu'êtres humains, celle qui nous impose de tout faire pour laisser une planète en état, pour laisser aux générations futures des rentes et non des dettes, des bienfaits et non des fardeaux.

La trilogie négaWatt

Les potentiels d'économie par l'efficacité et la sobriété constituent une véritable ressource, au même titre qu'un gisement de pétrole ou de gaz fossile, qu'une mine de charbon ou d'uranium : on peut ainsi parler de véritables gisements de *négawatts*, c'est-à-dire d'énergie dont la non-consommation permet de la réserver à d'autres usages ou d'éviter une production inutile. Hélas ces "gisements", pourtant innombrables et situés tout autour de nous, sont bien moins connus et bien moins prospectés que l'or noir que l'on sait aller chercher à des kilomètres sous le fond des océans !

Pour nous mettre en route dans la bonne direction, c'est par la composante "sobriété" de ce gisement qu'il faut commencer : elle ne coûte généralement rien d'autre qu'un peu de bon sens et la volonté de se sortir de l'accoutumance et de l'addiction. Vient ensuite l'efficacité avec sa cohorte de solutions techniques déjà à notre disposition, en attendant celles qui viendront demain. Les besoins ainsi réduits, les énergies renouvelables prennent toute leur mesure : sachons profiter de leurs bienfaits en limitant leurs éventuels impacts.

Sobriété, efficacité, renouvelables : tel est l'ordre logique de la *démarche négaWatt*, la trilogie du bon sens !

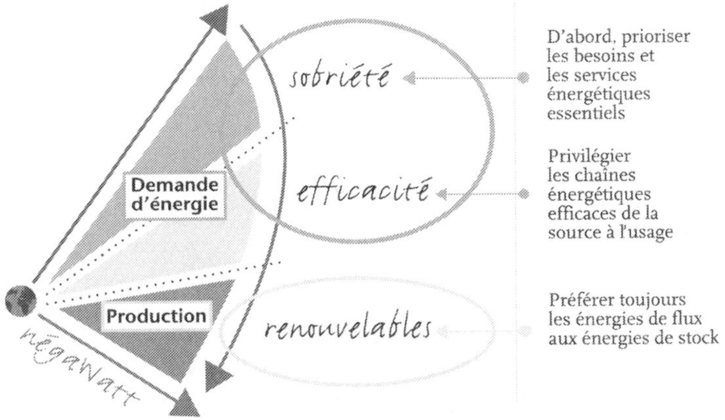

4

UN SCÉNARIO POUR LA TRANSITION

Pour nous engager sur la voie de la transition énergétique, la démarche négaWatt peut nous servir de boussole en nous indiquant la bonne direction. Mais pour être sûr de suivre le bon chemin, il faut une feuille de route, un scénario énergétique qui précise aussi le rythme à tenir.

Pour construire celui qui a été publié en septembre 2011, les experts de notre association ont appliqué de manière rigoureuse la démarche négaWatt à la réalité de la France d'aujourd'hui. Puis ils ont prolongé cet exercice, année après année jusqu'en 2050, en vérifiant que l'on répondait à tout moment à la fois aux besoins de services énergétiques et aux contraintes techniques, économiques ou environnementales. Un travail collectif, réalisé en totale indépendance par une quinzaine de professionnels qui ont jonglé pendant 13 mois avec plus de 2 000 paramètres.

La richesse et le sérieux de ce scénario sont aujourd'hui largement reconnus. En rendre compte en quelques pages est un exercice forcément réducteur. Sans entrer dans le détail des chiffres, il est tout de même nécessaire de comprendre les lignes de force qui le sous-tendent.

Prendre le problème par le bon bout

Le scénario négaWatt exploite en priorité les richesses qui se trouvent au cœur de nos territoires : les sources d'énergies renouvelables, bien sûr, mais il y en a de plus discrètes, tout aussi importantes : les "gisements" de négawatts.

Isoler les bâtiments publics et privés, optimiser l'éclairage public, mieux organiser les déplacements, sensibiliser les ménages aux économies d'énergie : tout cela contribue à "enrichir" un territoire et ses habitants en minimisant les dépenses, en créant de l'activité et en améliorant la qualité de vie. À l'inverse, il suffit en ville d'un urbanisme mal conçu, qui spécialise les zones d'habitation, de travail et de commerce, ou bien à la campagne d'un accès difficile aux services quotidiens de base comme le médecin, l'épicerie ou l'école, pour être très dépendants de la voiture individuelle et donc prisonniers du pétrole.

L'ensemble des gisements de sobriété, d'efficacité et d'énergies renouvelables constitue en réalité un patrimoine commun qui appartient aux habitants et aux acteurs locaux. Ils sont les mieux placés pour les identifier et les exploiter dans la durée, et doivent profiter en priorité des bénéfices qui en seront tirés.

Il ne s'agit pas, bien sûr, de vivre en autarcie, ce qui couperait chaque territoire du monde et de ses propres voisins. Exclure la coopération et les échanges n'aurait évidemment aucun sens, mais ceux-ci doivent se faire d'une manière équilibrée et équitable.

Les 80 % de la population française qui vivent en ville concentrent une très grande majorité des besoins énergétiques dans des espaces restreints qui disposent généralement de peu de ressources renouvelables, ne serait-ce que par manque de place. Les urbains doivent donc importer une part substantielle de l'énergie et de l'alimentation qu'ils consomment.

Dans les campagnes, les populations voient leurs villages mourir à petit ou à grand feu : l'école et l'épicerie ferment, les exploitations agricoles se transforment en résidences secondaires... Les habitants des territoires ruraux ont pourtant à portée de main des gisements d'énergies renouvelables sans commune mesure avec leurs propres besoins : soleil, vent, cours d'eau, forêts, résidus agricoles. Mais ces ressources restent inexploitées faute de moyens, quand elles n'aiguisent pas les appétits d'investisseurs hors-sol sans scrupule.

D'un côté les besoins énergétiques et les ressources financières, de l'autre les ressources énergétiques et les besoins financiers : la solution saute aux yeux ! C'est par un échange équilibré entre territoires urbains et ruraux que se construira la transition énergétique : les villes et les campagnes doivent apprendre à se parler sur un pied d'égalité et à trouver les voies d'une collaboration dans laquelle les gagnants seront des deux côtés.

La décentralisation des compétences juridiques et des moyens financiers, le droit à l'expérimentation, la promotion de nouveaux modes de gouvernance sont fondateurs du changement qui s'engage enfin. Ils ne doivent pas se limiter à donner à chaque collectivité le pouvoir et les moyens d'agir dans son propre territoire, mais conduire à une coopération active entre collectivités voisines, depuis la commune jusqu'à la région.

Le centralisme étatique, vieille tradition française particulièrement forte dans le secteur de l'énergie, est l'un des freins majeurs qui ont, jusqu'à présent, empêché la France d'avancer dans la voie de la transition. L'État doit apprendre à jouer le rôle dans lequel il est le meilleur, celui de chef d'orchestre. Il lui revient d'abord de fixer les règles et les objectifs qui s'imposent à l'ensemble de la collectivité nationale. Il doit ensuite donner aux acteurs des territoires les moyens juridiques et financiers de mobiliser les ressources et les gisements dont ils disposent, tout en leur laissant une plus grande liberté quant à la manière de s'y prendre. À lui enfin de contrôler que tout cela avance dans le bon sens et à un rythme cohérent avec les contraintes de temps.

Une fois ce cadre posé et les bonnes articulations trouvées entre les différents niveaux d'organisation du territoire, il reste à définir, à prendre et à faire appliquer les mesures appropriées aux différents secteurs d'activité pour que le scénario négaWatt prenne corps et se traduise dans la réalité.

Le scénario négaWatt 2011-2050

Pour réaliser le scénario négaWatt, le groupe d'experts a reconstitué avec précision toutes les consommations actuelles d'énergie de la France en chaleur, en électricité et en mobilité, puis, à l'autre bout de la chaîne, identifié les formes et les sources d'énergie utilisées pour répondre à cette demande. Il a ensuite exploré, année après année jusqu'en 2050, les évolutions progressives du côté des consommations comme de la production.

Pas de science-fiction ni de plan sur la comète dans cette approche : que ce soit pour l'efficacité ou pour les énergies renouvelables, seules les technologies déjà connues et maîtrisées sont prises en compte, même si certaines peuvent encore évoluer et s'améliorer, notamment grâce à la poursuite des efforts de recherche et développement.

Le scénario négaWatt tient également compte de l'augmentation de la population prévue par l'INSEE d'ici à 2050, chiffrée à plus de 7 millions d'habitants supplémentaires, et du développement de pratiques sociales émergentes, comme l'autopartage, le télétravail ou les circuits courts dans l'alimentation.

L'équilibre entre la production (l'offre) et la consommation d'énergie (la demande) a été vérifié de façon à assurer la satisfaction de tous les besoins pour les différents usages. L'électricité que l'on ne sait pas encore bien stocker a fait l'objet d'un traitement particulier à travers une analyse de l'équilibre en puissance instantanée heure par heure jusqu'en 2050, fondée sur des mesures de la répartition dans le temps de la consommation et de la production.

Le scénario négaWatt n'est pas sorti d'une boule de cristal ! Il n'a pas pour objectif de prédire ni même de prévoir l'avenir : il est là pour démontrer qu'un système énergétique "100 % négawatts et renouvelables" est techniquement possible. Il s'accompagne de propositions d'actions politiques et de mesures à mettre en place, ainsi que d'une évaluation quantitative des nombreux bénéfices économiques et sociaux que l'on peut en attendre.

Double révolution dans le bâtiment

Les consommations d'énergie des bâtiments d'habitation, de bureaux, de commerces ou d'équipements représentent plus de 45 % de nos besoins : agir dans ce secteur est donc vital.

Heureusement, grâce aux pionniers de l'habitat durable et aux retours d'expériences de pays plus avancés que le nôtre, nous disposons aujourd'hui de savoir-faire et de techniques qui permettent de réduire très fortement cette consommation.

Nous savons construire des bâtiments neufs si bien isolés qu'ils n'ont même plus besoin d'être chauffés en hiver, d'où leur qualification de *passifs* : la chaleur humaine et celle que dégagent les appareils électriques en fonctionnement suffisent à les rendre plus confortables que les "passoires thermiques" du siècle dernier. En complétant par une production locale d'électricité ou de chaleur renouvelable, on obtient des *bâtiments à énergie positive,* qui seront en principe la norme à partir de 2020.

Le parc existant compte quant à lui 34 millions de logements, dont 30 000 sont démolis chaque année. À ce rythme, il faudrait plus de mille ans pour le renouveler entièrement ! À l'évidence, le principal enjeu ne réside donc pas dans les prouesses des nouveaux bâtiments, ni dans la démolition-reconstruction, mais dans la rénovation la plus efficace possible du bâti ancien.

Ici aussi les solutions techniques existent, comme l'isolation par l'extérieur, les fenêtres à très haute performance ou la récupération de chaleur sur la ventilation. Leur coût, déjà abordable, baissera au fur et à mesure de leur généralisation, au point que les économies d'énergie générées suffiront bientôt à rembourser l'emprunt contracté pour payer les travaux. L'investissement deviendra alors possible, même pour les foyers modestes.

Quant aux appareils électriques qui équipent nos logements et nos bureaux, les meilleures technologies disponibles permettent déjà de réduire de moitié les consommations actuelles tout en maintenant et souvent en améliorant notre niveau de confort.

Reste à enclencher le cercle vertueux qui nous permettra de traiter d'ici à 2050 la quasi-totalité des bâtiments et de diviser par 4 ou 5 leurs besoins en énergie. C'est possible en combinant réglementation, fiscalité, coup de pouce financier et produits bancaires. Des choix politiques courageux permettraient de créer plusieurs centaines de milliers d'emplois dans l'industrie pour fabriquer les matériaux et dans le bâtiment pour réaliser les travaux.

La mobilité autrement

Le transport des personnes et des marchandises est, en France, le deuxième grand poste de consommation d'énergie, après le bâtiment.

De nombreuses solutions s'offrent à nous pour réduire la mobilité inutile des personnes et des biens, et optimiser celle qui reste indispensable. Le réaménagement des villes grâce à un urbanisme intelligent et la relocalisation de l'industrie joueront sur le long terme un rôle important.

D'autres mesures indispensables auront des effets à moyen terme : le développement des transports en alternative à la voiture, au camion et à l'avion ; une meilleure adéquation de la taille et du poids des véhicules à leur usage ; une réduction de la consommation de carburant par l'amélioration des moteurs et le changement de motorisation (électricité) ou de carburation (gaz renouvelable).

Le gaz renouvelable, carburant de l'avenir

Le gaz renouvelable (GRV) peut être produit de trois manières différentes : par la méthanisation issue de la fermentation des matières organiques (biogaz), par la gazéification du bois ou d'autres combustibles végétaux, ou bien encore par la méthanation, une réaction découverte en 1912 par un prix Nobel de chimie français, Paul Sabatier. Ce procédé industriel produit du "méthane de synthèse" à partir d'hydrogène et de CO_2. L'hydrogène est issu de l'électrolyse de l'eau réalisée grâce aux excédents d'électricité éolienne ou photovoltaïque, et le CO_2 est capturé à la sortie des cheminées ou d'une unité de biogaz. Cette troisième voie de production de méthane permet en quelque sorte de "transformer" de l'électricité en une molécule que l'on peut ensuite facilement stocker dans un réservoir ou injecter dans le réseau de gaz si l'on n'en a pas d'usage immédiat. Aussi pratique à stocker et encore plus flexible à utiliser que le pétrole, le gaz renouvelable est appelé à jouer un rôle majeur dans la transition énergétique proposée par le scénario négaWatt. Il bénéficie en effet d'un bilan environnemental bien meilleur que les biocarburants et ses usages sont nombreux et parfaitement maîtrisés : chauffage des espaces et de l'eau sanitaire, cuisson des aliments, production à haut rendement d'électricité et même propulsion des véhicules.

Un moteur utilisant du gaz comme carburant est relativement "propre" : la combustion n'émet pas de particules ni de polluants atmosphériques, seulement du CO_2. Son autre grand intérêt est de fonctionner indifféremment avec du gaz fossile (on parle alors de GNV, le gaz naturel véhicule) ou du gaz renouvelable (GRV). Tous deux sont composés de la même molécule, le méthane, et seule leur origine est différente. Il ne faut pas les confondre avec le GPL, ou gaz de pétrole liquéfié, qui, comme son nom l'indique, provient du pétrole et qui est très proche du propane que l'on trouve dans les cuves ou les bouteilles.

Des millions de véhicules dans le monde fonctionnent aujourd'hui au gnv : un véhicule à essence de série peut facilement être adapté par une modification de son carburateur et l'installation d'un deuxième réservoir dans le coffre. L'Italie s'en est fait de longue date une spécialité avec près d'un million de véhicules, de même que le Brésil, l'Argentine ou la Bolivie, tandis que de nombreuses villes asiatiques l'imposent aux taxis afin d'améliorer la qualité de l'air.

Sur le court terme, c'est le changement des habitudes qui a une importance cruciale. Les exemples d'actions et de mesures de *sobriété* immédiates et peu coûteuses qui ont un effet considérable sont nombreux : bannir progressivement le moteur à explosion des centres-villes en lui préférant la marche à pied, le vélo, le tramway ou le véhicule électrique ; augmenter le nombre de passagers par voiture et le tonnage de marchandises par camion ; réduire la vitesse autorisée sur routes et autoroutes. Ainsi, 10 kilomètres-heure de moins sur les routes et autoroutes françaises, c'est une économie annuelle de 1,25 million de tonnes de carburant, et 4 millions de tonnes de CO_2 qui ne seront pas envoyées dans l'atmosphère.

Pour notre santé et celle des sols

Si l'on s'en tient aux statistiques, l'agriculture ne représente qu'une part marginale de notre consommation d'énergie : à peine 2 %. C'est vrai si l'on se limite au gazole des tracteurs et au fioul pour chauffer les serres. Mais il faut aussi compter l'énergie nécessaire à la fabrication des engrais et des produits de traitement, celle que consomment l'industrie agroalimentaire et la distribution, sans oublier les congélateurs, réfrigérateurs et appareils de cuisson des ménages. Enfin, si l'on ajoute les importations massives d'aliments pour bétail produits en Amérique du Nord et du Sud, le poids énergétique de notre système alimentaire est en réalité loin d'être marginal.

C'est encore plus frappant si l'on regarde le bilan des émissions de gaz à effet de serre, puisqu'on doit ajouter à celles qui sont causées par les consommations d'énergie les 20 % d'émissions "non énergétiques" directement issues des méthodes actuelles de production agricole. La moitié provient de la digestion des ruminants, l'autre de l'utilisation à très grande échelle des engrais et autres produits chimiques dérivés du pétrole.

Pour aborder ces questions essentielles, le scénario négaWatt a été couplé avec une autre étude, consacrée à la nécessaire transition alimentaire et agricole et s'appliquant sur la même période. Élaboré par l'association Solagro, ce scénario, baptisé Afterres2050, s'appuie sur une réflexion et une démarche parallèles à celle de négaWatt sur l'énergie.

Afterres2050 part de notre assiette telle qu'elle se présente aujourd'hui, avec un regard critique sur la qualité diététique et sur la santé publique : la *malbouffe* n'est pas seulement un affront à la gastronomie et au vrai goût des aliments, c'est un fléau sanitaire, écologique, social et économique.

La réponse d'Afterres2050 tient en deux grandes orientations : adopter un régime alimentaire plus sain et plus équilibré en inversant progressivement la proportion entre protéines animales et végétales (de deux tiers-un tiers aujourd'hui à un tiers-deux tiers demain) ; généraliser les méthodes de production agricole respectueuses de l'environnement et des cycles naturels, comme l'*agriculture biologique*, l'*agroforesterie* et l'*agriculture intégrée*.

Le scénario Afterres2050

Comment concilier la production simultanée d'une alimentation saine en quantité suffisante, de matières premières et matériaux issus de la biomasse et des différentes formes d'énergie que l'on trouve dans le monde rural (bois, biogaz, biocarburants...) ? Comment y parvenir tout en respectant un usage des sols qui permette de restaurer et maintenir leurs qualités agronomiques ?

Le scénario Afterres2050 de Solagro s'est attaqué à cette apparente quadrature du cercle. Il montre qu'il est possible de concilier toutes ces fonctions par une évolution progressive de notre alimentation vers un régime plus équilibré, comportant moins de viandes et de produits animaux, en particulier de lait, mais plus de céréales, de fruits et de légumes, et par l'introduction de pratiques agricoles permettant de se passer des labours profonds qui tassent le sol, ainsi que des engrais chimiques et des pesticides qui l'empoisonnent. Au-delà de l'utilisation si possible exclusive d'intrants naturels, on trouve parmi ces pratiques les *cultures associées* qui consistent à cultiver en même temps sur la même parcelle plusieurs espèces végétales qui se complètent, par exemple une céréale (le blé) et une légumineuse (le pois). La *rotation des cultures*, qui prévoit la succession de différentes espèces dans un ordre précis, ou l'*agroforesterie*, qui préconise la plantation d'arbres dans les champs de culture et dans les pâturages, en plus de la restauration des haies, sont d'autres pratiques préconisées.

Au total, ce scénario réduit de moitié la consommation globale d'énergie de notre système alimentaire, et d'autant ses émissions de gaz à effet de serre. Enfin il dégage à terme de l'espace pour des cultures énergétiques tout en développant une activité économique pourvoyeuse d'un plus grand nombre d'emplois que l'agriculture intensive, aujourd'hui dominante en France.

L'industrie repensée

L'industrie est loin d'être le secteur le plus énergivore : hors l'agroalimentaire, il ne représente que le cinquième de notre consommation totale d'énergie. Poussés par la nécessité de réduire leurs coûts, beaucoup d'industriels font en effet des efforts importants pour économiser l'énergie, mais ce n'est pas la seule raison : la désindustrialisation et l'évolution de notre société vers les services y sont évidemment pour beaucoup. Toutefois, si nous avons, ces dernières décennies, fabriqué chez nous de moins en moins d'équipements, d'appareils et d'objets en tous genres, cela ne nous a pas empêchés d'en acheter de plus en plus à l'étranger. Or, l'énergie et les matières premières qui ont servi à fabriquer et à transporter jusqu'à nous écrans de télé, ordinateurs ou smartphones, vêtements ou jouets, n'apparaissent pas dans notre bilan énergétique et climatique aussi bien personnel que collectif. Ce tour de passe-passe permet d'apparaître beaucoup plus vertueux que nous ne le sommes en réalité : compter tout cela alourdirait notre bilan de 30 % !

Le scénario négaWatt a étudié en détail la profonde mutation de l'industrie qu'exige la transition énergétique, en croisant les besoins en matières premières ou semi-finies, les modes de production et les possibilités de réemploi ou de recyclage. Recycler une tonne d'aluminium est par exemple 15 fois moins coûteux en énergie que la produire à partir de la bauxite (4 fois moins pour l'acier). Les résultats sont clairs : une forte réduction de la consommation d'énergie est possible tout en relocalisant la fabrication des biens et des équipements, en rapprochant la production des lieux de consommation.

Mais si nous nous remettons à fabriquer en France, l'énergie actuellement masquée dans nos importations ne va-t-elle pas aggraver, au final, la consommation d'énergie et les émissions ?

Non, car la transition écologique a une heureuse vertu : les produits dont elle a le plus besoin, comme les isolants naturels pour le bâtiment, les moyens de locomotion légers ou les engrais organiques pour l'agriculture, nécessitent à la fois moins d'énergie pour leur fabrication que leurs équivalents actuels (béton, acier et pétrochimie) et moins de transport puisque leur fabrication est plus proche des lieux de leur utilisation.

Mais cela ne suffira pas ! Il faudra aussi arrêter de tout jeter à la poubelle à la moindre panne ou à chaque nouvelle version du même appareil et réapprendre à réutiliser, réparer et recycler les objets manufacturés qui nous entourent. Nous redonnerons ainsi leurs lettres de noblesse à la consigne, au cordonnier, au ferrailleur et au chiffonnier. Autre obligation : lutter à la source contre l'"obsolescence programmée", c'est-à-dire la fabrication de produits sciemment étudiés pour ne pas durer, en concevant au contraire des objets multifonctionnels, interchangeables, et en encourageant, y compris par la taxation, des produits à forte "réparabilité".

L'analyse prospective des différents secteurs consommateurs d'énergie dans l'industrie effectuée par les experts de négaWatt le démontre : les gisements cumulés de sobriété et d'efficacité sont considérables. Rien qu'en généralisant les meilleures pratiques et en utilisant les meilleures techniques disponibles, il est possible de réduire en quelques décennies notre consommation d'énergie de près des deux tiers, sans diminuer pour autant notre bien-être, voire en l'augmentant.

Production d'énergie renouvelée

Suivre la boussole de la démarche négaWatt non plus pour économiser mais pour produire de l'énergie, c'est toujours donner aux énergies renouvelables la priorité sur toutes les autres sources. Anesthésiés par les fossiles à bas prix et par l'illusion de la surabondance nucléaire, nous les avons trop longtemps délaissées alors qu'elles sont présentes depuis la nuit des temps dans notre environnement quotidien. Aujourd'hui, nous n'en utilisons guère plus qu'il y a 30 ans : seulement 12 % de notre consommation en 2011. Il est temps de réveiller ces belles endormies !

Dans ce domaine, le scénario négaWatt réserve une surprise : dans la France de 2050, qui a presque divisé par 2 sa consommation d'énergie pour satisfaire des besoins qui continuent à augmenter, la biomasse fournit la moitié de l'énergie nécessaire à travers une grande diversité de filières : bois, résidus agricoles, biogaz, fraction organique des déchets urbains, biocarburants...

Côté électricité, il intègre une montée en puissance progressive et raisonnable de toutes les filières renouvelables (éolien sur terre et en mer, photovoltaïque, biomasse...), qui se substituent aux réacteurs nucléaires au fur et à mesure de leur fermeture, au plus tard lorsqu'ils atteignent 40 ans de fonctionnement, la limite d'âge absolue en termes de sécurité. L'abandon progressif de la production d'électricité nucléaire s'étalera ainsi sur plus de 20 ans. Mais la sortie effective du nucléaire prendra, elle, des centaines, voire des milliers d'années, car il faudra bien continuer à s'occuper de l'héritage de déchets hautement toxiques !

Afin de garantir une totale sécurité de l'approvisionnement de la France en électricité, le scénario négaWatt prévoit de recourir, en cas de besoin et de manière temporaire, aux énergies fossiles, notamment au gaz naturel, qui sert de *variable d'ajustement*. Ce qui introduit le risque de voir les émissions de gaz à effet de serre augmenter à certaines étapes de la transition énergétique.

L'analyse détaillée montre cependant que les importations de gaz naturel peuvent être maintenues en permanence à un niveau semblable à celles d'aujourd'hui avant de diminuer fortement à partir de 2035, alors que les importations de pétrole chutent rapidement de manière spectaculaire. Mais trois conditions sont nécessaires pour parvenir à ce résultat encourageant :

La première, et la plus importante, est la mise en œuvre immédiate des mesures de sobriété et d'efficacité, qui permettent de réduire les consommations d'énergie dans tous les secteurs, notamment les transports, particulièrement dépendants du pétrole. Il faut en finir avec les tergiversations sur la mise en place de certaines taxes comme la contribution énergie-climat proposé par le Grenelle de l'environnement ;

La deuxième condition est la montée en puissance des renouvelables à un rythme soutenu mais bien maîtrisé, surtout sans à-coups ni surchauffes suivies de brusques arrêts. Il faut que cessent les changements brutaux de cadres réglementaires et économiques appliqués au photovoltaïque ou à l'éolien ;

La troisième condition est que l'équilibre entre la consommation et la production ne soit confié ni à la "main invisible" – et surtout spéculative – du marché, ni au gant de fer du centralisme d'un État monopolistique. Il doit être assuré par une gestion coordonnée des réseaux énergétiques au sein des territoires, et prenant appui sur la mutualisation et les échanges que permettent les interconnexions au niveau national et avec les pays voisins.

Le rôle crucial des réseaux

La grande diversité des filières et des techniques que recouvrent les énergies renouvelables permet de relativiser le problème crucial du stockage : l'eau, le biogaz ou le bois sous toutes ses formes (bûches, granulés ou plaquettes) sont parfaitement stockables. Pour réguler la consommation, EDF se sert d'ailleurs depuis belle lurette de renouvelables stockables grâce à ses barrages hydroélectriques.

Malgré des efforts conséquents de recherche, il y a peu de progrès décisifs à attendre sur les batteries électriques : même si elles ont un rôle important à jouer, notamment pour les véhicules et pour le stockage-tampon sur certains réseaux de distribution, elles ne pourront à elles seules répondre aux besoins du système électrique national.

La solution réside dans une gestion coordonnée, et non concurrentielle comme actuellement, des réseaux d'électricité, de gaz et de chaleur afin de mettre à profit les différences et les complémentarités entre ces trois "vecteurs énergétiques".

Les réseaux constituent le cœur et les artères de la transition énergétique car ils permettent d'assurer le "bouclage" entre la production et la consommation en remplissant de multiples fonctions : collecte, transport, stockage et distribution

des différentes formes d'énergie. Grâce à leur gestion coordonnée, il est tout à fait possible d'envisager à terme un approvisionnement fondé en quasi-totalité sur les énergies renouvelables. Ce n'est pas de l'utopie : c'est déjà le cas dans plusieurs régions de différents pays européens, en Autriche ou au Danemark, par exemple.
Si les réseaux de transport à longue distance de l'électricité et du gaz appartiennent à l'État, les réseaux de distribution sont la propriété des communes. Elles les ont construits à partir de la fin du XIXe siècle, mais n'en assurent généralement pas la gestion directe aujourd'hui. Une loi datant de 1946 leur a imposé, sauf exception, de confier cette gestion à EDF et GDF (aujourd'hui, à leurs filiales respectives ERDF et GRDF). Dans le cas des réseaux de chaleur, certaines communes ont préféré déléguer leurs compétences, dans le cadre de marchés publics, à des entreprises spécialisées qui sont presque toujours... des filiales d'EDF et de GDF-Suez ! Or, la concurrence acharnée à laquelle les opérateurs des différents types de réseaux se livrent sur le terrain depuis des décennies réduit considérablement l'efficacité économique et énergétique de chacun d'entre eux et interdit, de fait, la mise en place d'une stratégie territoriale de la transition.
La clé du succès d'une politique nationale cohérente implique donc une véritable gouvernance territoriale de l'énergie. Dans le cadre d'une nouvelle étape de la décentralisation, celle-ci doit permettre la reprise en main de la gestion coordonnée des réseaux par les collectivités locales.

5

LES BÉNÉFICES DE LA TRANSITION

Quel bilan au terme de la transition proposée par le scénario négaWatt ? Son rythme est-il compatible avec l'urgence des bouleversements climatiques ?

Quels sont les avantages et les inconvénients de sa réalisation ? Est-elle créatrice ou au contraire destructrice d'emplois ? Quel est le prix à payer pour échapper aux crises qui nous menacent, et pour quels bénéfices ?

Enfin, notre vie de tous les jours sera-t-elle plus contrainte, ou au contraire plus libre et plus autonome ?

La métamorphose du système énergétique

L'application du scénario négaWatt réduira en 2050 nos besoins en *ressources énergétiques primaires* de 65 % par rapport à aujourd'hui. La mise en œuvre d'une politique volontariste de sobriété et d'efficacité – l'exploitation de tous les "gisements de négawatts" – permet ainsi de faire presque les deux tiers du chemin !

Les énergies renouvelables fournissent le reste en garantissant à la fois sécurité d'approvisionnement et indépendance : elles sont notre meilleure *assurance tous risques* contre les menaces climatiques et énergétiques. Réparties entre une dizaine de filières thermiques ou électriques, elles fournissent en 2050 plus de 90 % des besoins de la France, grâce aux ressources abondantes et diversifiées dont chaque région dispose en fonction de sa géographie naturelle et humaine.

L'équilibre à tout instant du système électrique entre production et consommation est une exigence incontournable : sa fragilisation peut conduire à l'effondrement du réseau, ce *black-out* qui affecterait gravement la sécurité, l'économie et la vie quotidienne de tout le monde. En modélisant cet équilibre heure par heure jusqu'en 2050, le scénario négaWatt montre que la gestion coordonnée des réseaux de gaz, d'électricité et de chaleur au niveau des territoires permet de répondre à cet impératif.

Le charbon n'est plus utilisé que très marginalement comme matière première dans la sidérurgie, tandis que le pétrole, remplacé peu à peu par le gaz renouvelable dans les transports automobiles, est progressivement limité à l'aviation (sous forme de kérosène) et aux usages "nobles" dans la pétrochimie. Le gaz naturel d'origine fossile se maintient au même niveau qu'aujourd'hui jusqu'en 2035, puis il est lui aussi remplacé peu à peu par le gaz renouvelable. Au total, les émissions de CO_2 diminuent fortement sur toute la période : alors que la France en émet 2 fois moins en 2030 qu'en 2010, elle n'en rejette pratiquement plus en 2050, malgré l'arrêt de la production nucléaire en 2033.

Dans une logique d'équité mondiale, le cumul des émissions de CO_2 sur la période 2011-2050 respecte la part qui revient à la France, compte tenu de son poids démographique, pour ne pas dépasser une hausse moyenne de 2 °C sur Terre.

Bien sûr, ce résultat atteint par la France ne suffit pas, à lui seul, à réduire significativement les émissions mondiales : le sort du climat se joue aux États-Unis, en Chine et dans les pays émergents. Mais les petits ruisseaux font les grandes rivières et l'Europe, dont la France est l'un des piliers, a un rôle majeur d'exemplarité à jouer. Rejoindre le peloton de tête des États engagés dans la transition sera très bénéfique : les pionniers comme le Danemark et l'Allemagne commencent déjà à en tirer de nombreux bénéfices économiques, sociaux et géopolitiques. C'est aussi un devoir pour les pays riches, qui peuvent se permettre plus facilement que les autres les investissements nécessaires.*

Une France revivifiée

Un aménagement plus équilibré du territoire est l'un des traits marquants de la transition énergétique. Les zones rurales sont fortement revitalisées grâce à une répartition plus cohérente et à une hiérarchisation plus affinée de l'usage des sols.

Priorité d'abord, à égalité, à l'alimentation et à la biodiversité. Les terres cultivables sont exploitées selon les principes de l'*agro-écologie*, qui préserve la qualité biologique des sols et des rivières. Elles produisent des aliments sains qui sont acheminés vers les consommateurs par des circuits aussi courts que possible. Vient ensuite la production de *matériaux bio-sourcés*, c'est-à-dire issus de la biomasse, pour le bâtiment, le textile et l'industrie manufacturière.

La production d'énergie arrive en dernier. Dans un premier temps, elle se contente d'utiliser les résidus et les produits connexes de l'agriculture et de la sylviculture. Plus tard, elle peut faire appel à des *cultures énergétiques* provenant de terrains agricoles dédiés, à condition que ce ne soit pas au détriment des usages prioritaires évoqués ci-dessus. L'implantation d'éoliennes peut se faire sans problème puisque ces dernières prennent très peu de terrain et ne sont pas incompatibles avec des activités agricoles à leur pied. Par contre, les parcs photovoltaïques de grande puissance sont bannis des terrains agricoles comme des espaces naturels, mais cela n'empêche en rien le développement de la filière. Outre les toitures et les façades des bâtiments (quels qu'en soient l'usage et la taille) qui sont la cible privilégiée, les panneaux solaires peuvent être installés sur toutes sortes de terrains déjà artificialisés sans inconvénient et même souvent avantageusement : couverture de parkings, friches industrielles, terrains pollués, délaissés d'autoroute ou de voies de chemin de fer, etc. Les surfaces disponibles sont largement suffisantes pour ne pas avoir besoin de prendre encore sur les terres agricoles.

La relocalisation de l'industrie est devenue une réalité, pas tant par l'implantation ou le retour de grandes entreprises que par le développement d'un tissu de plus en plus dense de PME et d'ETI. Ces fameuses *entreprises de taille intermédiaire* – qui font aujourd'hui la force de l'économie allemande – ont su créer entre elles de véritables synergies industrielles et écologiques. Le recyclage des déchets et des sous-produits, la mutualisation des services et des équipements, la récupération puis la valorisation de la chaleur perdue et des effluents sont le fondement d'une "écologie industrielle" beaucoup moins consommatrice d'énergies et de matières premières, et dont les impacts sur l'environnement restent limités.

Parce qu'elle a su anticiper à temps la fin de l'abondance du pétrole et du gaz fossile, la France de 2050 est beaucoup plus autonome que celle de 2012. Moins dépendante de sources devenues rares, donc chères, elle est mieux protégée contre les inévitables crises géopolitiques autour de l'énergie, pour l'accès à des ressources de plus en plus concentrées ou sous l'effet d'une spéculation tellement acharnée que l'offre ne parvient plus à satisfaire la demande comme ce fut le cas en 2008.

En réduisant considérablement les importations, ce gain d'autonomie augmente très fortement les marges de manœuvre de l'économie. À l'opposé des habituels discours officiels sur l'indépendance de la France, la vérité des chiffres est crue : en 2011, les importations de pétrole et de gaz se sont élevées au niveau record de 71 milliards d'euros, un montant supérieur à l'addition des budgets des ministères de l'Éducation nationale, de la Jeunesse, de la Culture et de la Santé ! Au lieu de remplir les poches des oligarques russes et des monarchies pétrolières, ces devises économisées – dont le montant augmentera chaque année – seront bien plus utiles si elles sont affectées au financement de la transition énergétique.

Cette dernière a bien entendu un coût, mais elle rapporte bien plus qu'elle ne coûte, et les immenses bénéfices économiques et sociaux qu'elle procurera justifient cet investissement dans le programme d'actions que propose le scénario négaWatt : les sommes consacrées à son amorçage seront rapidement remboursées et même au-delà, générant de nouvelles recettes qui pourront, à leur tour, être réinvesties dans la poursuite du mouvement.

Un tel cercle vertueux n'est pas une vue de l'esprit : une étude publiée fin 2011 par la banque publique d'investissement allemande KfW – l'équivalent de notre Caisse des dépôts – a montré que le programme de rénovation du bâtiment lancé en 2008 avait coûté 4,7 milliards d'euros de fonds publics à l'Allemagne en trois ans. Mais il a rapporté à l'État, sur la même période, 8,8 milliards d'euros de recettes fiscales prélevées sur les nouvelles activités des entreprises. Les centaines de milliers d'emplois qu'il a permis de créer dans le secteur du bâtiment ont entraîné plus de 4 milliards d'économies en indemnités journalières et couverture sociale, qui auraient dû être versées aux chômeurs. Au total, des recettes directes presque 3 fois supérieures aux dépenses !

Quant au coût des énergies renouvelables pour l'État, une autre étude, menée par le très réputé Fraunhofer Institut, a montré qu'il était sans commune mesure avec celui des énergies conventionnelles. Alors que les renouvelables couvraient en 2012 environ un quart de la consommation d'énergie de l'Allemagne, elles ont reçu entre 1970 et 2012 environ 67 milliards d'euros d'aides publiques, alors que sur la même période le charbon en recevait 400 et le nucléaire 213, soit 9 fois plus à eux deux!

Les évaluations de l'application du scénario négaWatt à la France concluent à la création "nette" de plusieurs centaines de milliers d'emplois, en tenant compte de ceux qui seront inévitablement "détruits" dans certains secteurs, comme la construction des autoroutes ou le nucléaire. La plupart des nouveaux emplois sont liés à la rénovation du bâtiment, au développement des services aux personnes et aux entreprises, et à la production de biens et de matériaux *via* l'agriculture et la sylviculture : ils sont donc non délocalisables, ce qui n'est pas leur moindre avantage!

Le coût de la transition n'est pas une dépense inutile. C'est un investissement gagnant à coup sûr pour préparer l'avenir, qui doit être mis en regard des coûts bien réels qui nous attendent si nous ne faisons rien : c'est l'inaction qui serait un fardeau insupportable, au poids toujours croissant.

Une société plus autonome

Bien sûr, réduire très fortement la consommation d'énergie ne veut pas dire retourner à la bougie! Ceux qui usent d'une telle caricature font preuve d'ignorance ou cherchent à dissimuler la défense égoïste de leurs propres intérêts. Ce sont souvent les mêmes qui agitent le spectre des atteintes à la liberté individuelle que représenteraient les mesures nécessaires à la transition énergétique.

Les mots d'*obligation* et d'*interdiction* ne doivent pas effrayer. Le scénario négaWatt introduit simplement dans la société plus de régulation écologique et citoyenne là où son absence nous conduit à des impasses et à des risques majeurs.

Utopique ? Affreusement liberticide ? Une simple réflexion sur les déplacements en voiture nous démontre le contraire. Voilà un domaine où nous respectons tous un ensemble de mesures destinées à fixer une règle commune, à rendre obligatoires certaines pratiques, à en interdire d'autres : cela s'appelle le Code de la route.

Personne n'envisage de revenir sur l'obligation d'attacher sa ceinture ou de passer régulièrement sa voiture au contrôle technique. Et qui serait d'accord pour que les chauffards irresponsables ne soient jamais sanctionnés ?

La quasi-totalité des conducteurs acceptent des règles contraignantes qui restreignent leur liberté, parce que leurs effets positifs sont jugés bien supérieurs à ceux que procurerait l'absence de règles. Nous savons tous que, sans elles, il serait impossible de conduire sans subir de graves accidents. Ce sont justement ces contraintes qui nous permettent d'accéder à la liberté de circuler que nous considérons à juste titre comme fondamentale.

Il en va de même avec l'énergie. Nous sommes encore aveuglés par l'incroyable facilité avec laquelle nous y avons accès : appuyer sur l'interrupteur, ouvrir le robinet d'eau chaude, remplir le réservoir de la voiture ne nous demandent pas trop d'effort et nous en retirons immédiatement un service très utile. Mais nous savons que si nous continuons à faire tous ces gestes, à accomplir toutes ces actions, à acheter tous ces biens qui entraînent une consommation d'énergie sans tenir aucun compte des conséquences que cela peut avoir à court ou long terme, nous contribuerons à accélérer et amplifier les menaces qui pèsent sur notre environnement et nos modes de vie.

Nous devons accepter une limitation de notre consommation d'énergie, l'obligation de la mise aux normes, l'interdiction de certaines extravagances et inventer ensemble, démocratiquement, un "Code de bonne conduite énergétique". Son contenu ne doit pas être fixé "par en haut", dans le secret de cabinets ministériels soumis à de multiples pressions aussi discrètes qu'efficaces. Il doit faire l'objet de débats, d'analyses et d'expérimentations afin qu'il puisse être accepté par les citoyens qui auront eux-mêmes été sensibilisés, informés et éduqués à la compréhension des enjeux et des moyens d'y faire face.

Est-ce pour autant la perte de notre liberté ? Non, c'est exactement l'inverse ! Les négawatts et les renouvelables sont un excellent moyen d'augmenter nos marges de manœuvre, de reconquérir notre libre arbitre, de renforcer notre capacité à résister à la pression de la spéculation et de la rareté. Ils permettent de sortir de la précarité énergétique les 8 millions de Français qui y sont déjà piégés et d'éviter d'y basculer pour les autres. Ils nous libèrent aussi de la menace permanente d'une marée noire, d'un black-out, d'un accident nucléaire et d'un changement incontrôlable du climat.

À l'orée de la Révolution française, le Siècle des lumières avait engagé la France sur un chemin de liberté et de progrès. De très nombreux pays lui emboîtèrent le pas, osant à leur tour rompre avec les pesanteurs et les conformismes.

Diderot, avec la publication de l'*Encyclopédie*, voulait "changer la façon commune de penser". Deux cent cinquante ans plus tard, il nous faut à notre tour changer notre façon de penser l'énergie, et espérer que la France se détourne des impasses énergétiques dans lesquelles elle s'est malheureusement fourvoyée, pour devenir l'âme d'une révolution à la fois paisible et profonde.

Une révolution vers un nouveau paysage énergétique, source de paix avec nos semblables et de réconciliation avec la Terre.

6

L'ÉNERGIE DE S'EN SORTIR

“Vos idées sont intéressantes, mais elles sont utopiques, elles ne marcheront jamais !”

Combien de fois avons-nous entendu cette remarque ? De l'utopie, vraiment, un autre paysage énergétique plus en accord avec les limites de la biosphère, ce mince filet de vie qui nous accueille à la surface de la Terre ? De l'utopie, la fin des gaspillages, un système énergétique plus solidaire, source de prospérité et non de précarité, de paix et non de conflits ?

L'utopie nous incite à relever la tête, elle nous fait avancer en portant un regard neuf vers la ligne d'horizon. Elle nous aide à rejeter la peur du changement pour la force du mouvement. Écoutons ce qu'en dit l'écrivain uruguayen Eduardo Galeano : “L'utopie est à l'horizon. Quand je fais deux pas vers elle, elle s'éloigne de deux pas. Je fais dix pas et elle est dix pas plus loin. À quoi sert l'utopie ? Elle sert à ça, à avancer.”

D'ailleurs, avons-nous vraiment le choix ? N'est-ce pas plutôt le laisser-faire, l'inaction, la poursuite irraisonnée du “toujours plus” qui sont complètement irréalistes ?

Si elle devait se réaliser sur une courte période, la transition énergétique proposée dans le scénario négaWatt serait hors de portée. Mais ce n'est pas le cas. Elle se déroule sur une quarantaine d'années, un temps suffisamment long pour que des mutations, même profondes, puissent se faire en douceur.

Rappelons-nous ! Il y a 40 ans, c'était avant le premier choc pétrolier, avant la crise économique permanente et le chômage de masse, avant le micro-ordinateur et le téléphone portable. Ce qui sépare nos modes de vie d'aujourd'hui de ceux de cette époque révolue est beaucoup plus important que ce qui devrait changer d'ici à 2050 selon le scénario négaWatt.

Mais 40 ans, c'est aussi très peu si l'on tergiverse. Dans l'énergie, le cycle des investissements impose un temps long, bien au-delà des 4 ou 5 ans d'un mandat électoral, des 2 ans d'un retour sur investissement industriel ou des microsecondes de la spéculation financière.

Ce conflit entre des temps différents est au cœur du problème : il faut à la fois agir dans la durée, avec le bon tempo, et prendre dès maintenant les bonnes décisions, avec fermeté et assurance. Mais ceux qui ont aujourd'hui le pouvoir de décider ne savent plus réfléchir dans la durée : politiques, capitaines d'industrie et financiers sont aveuglés par la nécessité d'un retour immédiat de leurs actions.

Ne comptons pas non plus sur quelques prouesses scientifiques ou techniques qui surgiraient par miracle ! Rien ne dit qu'elles surviendront un jour. Ni, si elles adviennent, que ce sera à temps pour résoudre des problèmes qui sont déjà aujourd'hui de la plus grande urgence.

Enfin, s'en remettre aux seules autorités supérieures, ces fameux "ils" qui "n'ont qu'à" – l'État, les politiques, l'administration, les grands patrons –, c'est surtout bien commode pour justifier sa propre inaction et continuer à jouer avec le feu...

Il nous faut donc agir vite, sans attendre ! Mais comment ?

La transition commence par nous-mêmes

L'énergie est présente dans chacun des actes de notre vie courante. En allumant une lampe, en réglant la température du séjour ou en faisant le plein à la station-service. De façon plus indirecte, dans le choix de son logement, de sa voiture ou de la destination de ses vacances. Mais aussi, de façon encore moins visible, dans l'origine et le mode de production des aliments que nous mangeons ou des vêtements que nous portons.

Acheter un produit ou un équipement, acquérir un bien et l'utiliser ont sur nos consommations d'énergie des conséquences qui peuvent sembler anodines, mais qui, mises bout à bout, ont une influence considérable sur notre système énergétique et notre environnement. Engager la transition commence donc par accepter soi-même l'idée du changement, et la première étape pour agir consiste à se renseigner et à s'informer.

De prime abord, le monde de l'énergie semble très compliqué. Cette difficulté est d'ailleurs souvent mise en avant par ceux qui ont intérêt à ce que rien ne bouge. Vendeurs de prêt-à-penser, ces "experts" distillent des affirmations simplistes, quand elles ne sont pas mensongères, et voudraient avant tout que les citoyens continuent à ne pas s'en mêler.

Mais la complexité n'est qu'apparente. La majorité des réponses aux questions qui se posent relève du simple bon sens. La technique et les mots savants ne doivent pas occulter les dimensions sociales, culturelles et politiques de la transition. Et puis la boussole de la démarche négaWatt – sobriété, efficacité, renouvelables – permet de se repérer pour avancer avec détermination.

Commençons par lever une ambiguïté : adopter la *sobriété énergétique* comme ligne de conduite ne veut pas dire pratiquer l'abstinence ou le repli sur soi. C'est simplement la prise de conscience que l'excès et le gaspillage, même involontaires, ne sont plus possibles face à la gravité des problèmes. Le superflu et le jetable doivent laisser la place à l'essentiel et au durable.

L'accumulation matérielle n'offre qu'un sentiment de puissance immédiate et une satisfaction éphémère qui se transforment vite en frustration permanente. La sobriété, au contraire, permet de retrouver plus de sens dans ses décisions et plus de cohérence dans sa vie.

L'*efficacité* dans le choix de nos équipements consiste à privilégier ceux qui durent longtemps, à comparer les performances des différents modèles, à mesurer et à suivre autant que possible les consommations des appareils. La surconsommation ne vient souvent que d'un manque d'information.

Opter pour les *renouvelables*, c'est pour l'un se chauffer au bois, pour l'autre produire de l'électricité photovoltaïque ou de l'eau chaude solaire sur le toit de sa maison. Mais cela peut aussi s'appliquer au choix d'un fournisseur d'énergie garantissant l'origine renouvelable de ses offres, comme cela se fait depuis quelques années pour l'électricité et devrait bientôt se faire pour le gaz. Faire ce choix citoyen permet à des producteurs indépendants de développer et de financer de nouveaux projets. Celui qui souhaite aller encore plus loin peut participer à l'investissement dans des parcs éoliens ou des toits photovoltaïques : directement, si c'est à proximité de chez lui, ou par l'intermédiaire d'un fonds d'investissement citoyen sous le contrôle des autorités financières, comme Énergie partagée.

Agir ensemble et vite

En dehors de notre sphère personnelle et familiale, il existe une multitude de moyens d'être acteur de la transition énergétique, sans pour autant devenir expert de l'énergie.

Sur son lieu de travail, au bureau, à l'usine, à l'atelier ou dans le magasin, chacun peut poser un "regard négaWatt" sur tous les petits et grands gaspillages du quotidien : ces éclairages permanents sont-ils vraiment indispensables ? Pourquoi ces ordinateurs sont-ils allumés alors que personne ne les utilise ? Ce distributeur qui fonctionne nuit et jour, week-end compris, sans interruption, combien consomme-t-il ?

Quand les économies potentielles sont repérées, il faut réfléchir aux solutions possibles : pourquoi ne pas installer des détecteurs de présence ? Ne peut-on pas aménager les horaires pour favoriser le covoiturage ? Pourquoi cette réunion n'aurait-elle pas lieu par vidéo-conférence ? A-t-on une idée précise des consommations d'énergie de l'entreprise ? Ne serait-il pas judicieux d'embaucher un *économe de flux*, dont le métier consiste à repérer et éliminer tous les gaspillages d'énergie et d'eau, permettant de financer directement son poste par les économies réalisées ?

L'engagement citoyen dans une association de proximité est également un précieux moyen d'action collective. Là aussi, le lien avec l'énergie, peu visible *a priori*, est pourtant très présent : des parents d'élèves qui organisent un ramassage scolaire à pied (pédibus), une association pour le maintien d'une agriculture paysanne (AMAP) favorisant des circuits courts entre producteurs et consommateurs d'aliments, un système d'échange local (SEL) ou de covoiturage sont autant de sources d'économies d'énergie.

Comme l'action locale doit pouvoir trouver des relais et des appuis à un niveau plus large, l'adhésion à une association régionale ou nationale est une manière d'exercer pleinement sa citoyenneté et de contribuer à améliorer le rapport de force indispensable pour infléchir les institutions, les politiques et les entreprises.

Mais la somme des actions individuelles ou collectives des citoyens ne suffira pas. La simple juxtaposition de morceaux d'improvisation joués par des solistes, aussi virtuoses soient-ils, conduit à la cacophonie plus sûrement qu'à la symphonie. La partition de la transition énergétique reste encore à écrire !

Le scénario négaWatt ouvre largement les champs du possible en s'appuyant sur des réalités et des expériences concrètes, mais il ne constitue qu'une première étape. Il convient désormais de noircir le papier de rondes, de croches et de soupirs qu'il faudra apprendre à jouer, en respectant les règles de l'harmonie : tel devrait être le rôle d'un débat national et d'une loi d'orientation.

Les collectivités locales – élus, services et partenaires confondus – auront aussi un rôle primordial dans ce concert dont l'exécution durera plusieurs dizaines d'années : tout en apprenant à interpréter le morceau de partition le plus en harmonie avec leur territoire, ils ne devront jamais oublier qu'il est nécessaire de l'inscrire à tout moment dans un ensemble bien plus vaste. Cette double échelle donnera tout son sens et toute sa force à leur action.

Ce sont finalement les citoyens, c'est-à-dire chacun d'entre nous, qui devront agir pour arracher les décisions politiques nécessaires à la transition énergétique, en interpellant candidats et élus, en proposant des solutions et en construisant des alternatives concrètes. Chacun d'entre nous doit devenir l'un des musiciens du concert, et non rester un simple spectateur.

Nous n'avons désormais plus le temps d'attendre, plus le droit de tergiverser : l'urgence est là !

Ce cri d'alarme était porté depuis des décennies par une poignée d'écologistes, que certains ne se privaient pas de railler. Il est maintenant repris par ceux-là mêmes qui ont participé à allumer l'incendie. La Banque mondiale a ainsi avoué, dans un rapport publié en novembre 2012, qu'un monde à + 4 °C, une hausse pourtant jugée probable, “déclencherait une cascade de cataclysmes”, ajoutant qu'il n'y avait “aucune certitude que la planète puisse s'adapter à une telle situation”.

Rien n'est joué, mais il nous reste très peu de temps pour agir, à peine quelques années pour mettre le monde sur une trajectoire qui évitera une périlleuse sortie de route. L'heure n'est plus au constat, elle est à l'action. Changeons de modèle énergétique dès à présent, avec volonté et persévérance.

Sachons trouver, pour nous-mêmes et pour les autres, *l'énergie de nous en sortir* !

ANNEXES

NOTES ET RÉFÉRENCES

Le lecteur trouvera toutes les sources, notes et références sur le site internet : www.negawatt.org

Cet appareil critique est construit sur la base du sommaire du livre. Chaque argument et exemple est ainsi documenté et complété, permettant au lecteur d'enrichir sa connaissance des questions énergétiques évoquées tout au long de ce livre.

Cette base d'information est régulièrement complétée et actualisée par les auteurs et l'association négaWatt.

LES 10 POINTS-CLÉS DU SCÉNARIO NÉGAWATT 2011

- Une politique très volontariste de sobriété et d'efficacité énergétique diminue la demande en énergie primaire de 65 % en 2050 par rapport à la situation en 2010 : l'exploitation du "gisement de négawatts" permet de faire presque les deux tiers du chemin !
- Malgré cette réduction, un haut niveau de services énergétiques est maintenu pour les besoins de chaleur, de mobilité et d'électricité spécifique.
- Un recours prioritaire aux énergies renouvelables (91 % des ressources énergétiques de la France en 2050, répartis en une dizaine de filières) assure à la fois la sécurité d'approvisionnement et une véritable indépendance énergétique.
- Une gestion coordonnée des réseaux de gaz, d'électricité et de chaleur permet de répondre à tout instant aux besoins et d'assurer l'indispensable équilibre offre-demande en puissance du système électrique.
- La fin des "fossiles faciles" est anticipée à l'approche des pics pétrolier et gazier. Leur utilisation se limite à la pétrochimie et aux matières premières industrielles, ainsi qu'à quelques usages très spécifiques tels que l'aviation.
- Le système énergétique est presque totalement exempt d'émissions de carbone malgré un arrêt maîtrisé et cohérent de toute production d'électricité nucléaire en 2033.
- Par rapport à 2010, les émissions de CO_2 sont divisées par 2 en 2030 et par 16 en 2050.
- Les émissions de CO_2 cumulées sur la période 2011-2050 sont conformes au poids démographique de la France dans une logique d'équité mondiale, et compatibles avec l'objectif de limiter la hausse moyenne de la température sur Terre à + 2 °C d'ici à 2100.
- L'usage équilibré des sols respecte l'ordre des priorités suivant : alimentation → biodiversité → matériaux → énergie, malgré une relocalisation importante de l'industrie et une contribution de la biomasse à hauteur de 50 % des besoins énergétiques totaux.
- L'autonomie et la démocratie énergétiques de la France se renforcent, créant des centaines de milliers d'emplois durables, redonnant aux territoires et à leurs acteurs une place centrale dans notre paysage énergétique. Et la France prend enfin une part exemplaire dans la résolution des crises de l'énergie et du climat.

AUTEURS ET CONTRIBUTEURS

Cet ouvrage est l'expression d'une démarche et du travail collectif d'un groupe de femmes et d'hommes tous animés, depuis maintenant plus de 10 ans, par la conviction que la transition énergétique viendra d'expertises indépendantes et d'initiatives citoyennes.

Auteurs

MARC JEDLICZKA
Fondateur en 1991 et directeur général depuis 1999 d'HESPUL, association spécialisée dans la filière photovoltaïque raccordée au réseau. Il est également cofondateur d'Énercoop et vice-président du CLER, réseau pour la transition énergétique, depuis 2001. Porte-parole de l'association négaWatt depuis 2003.

THIERRY SALOMON
Ingénieur ECAM, énergéticien. Fondateur et ancien directeur d'une association technique sur les énergies renouvelables et la maîtrise de l'énergie. Responsable du développement d'un bureau d'études spécialisé sur l'optimisation énergétique et auteur de plusieurs ouvrages sur l'énergie. Président depuis 2003 de l'association négaWatt.

Relectrices et relecteurs

Monique FAURÉ, Dominique GAUZIN-MÜLLER, Paul NEAU, assistés de Stéphanie CLAIRET et Stéphane CHATELIN.

Contributeurs

... tous les autres membres de la Compagnie des négaWatts qui ont activement participé aux réflexions et aux propositions présentées dans cet ouvrage :

Guy ARCHAMBAULT, Stéphane BALY, Bernard CHABOT, Raphaël CLAUSTRE, Christian COUTURIER, Vincent FRISTOT, Hélène GASSIN, Raphaëlle GAUTHIER, Sylvain GODINOT, Thomas GUÉRET, Michel IRIGOIN, Yves JAUTARD, Benoît LEBOT, Vincent LEGRAND, Thomas LETZ, Yves MARIGNAC, Bruno PEUPORTIER, Philippe QUIRION, Emmanuel RAUZIER, Anne RIALHE, Paul SABATIER, Olivier SIDLER et Loraine ZACHIAUX.

L'ASSOCIATION NÉGAWATT

Créée en septembre 2001, l'association négaWatt rassemble fin 2012 plus de 1 000 adhérents à travers la France, des personnes aux métiers très variés, pour la plupart impliquées dans le secteur de l'énergie.

Ingénieurs, architectes, sociologues, juristes, économistes ou responsables associatifs s'y côtoient pour échanger autour d'un objectif commun : promouvoir un nouveau modèle énergétique donnant la priorité à la sobriété, à l'efficacité et aux énergies renouvelables, qui sont les trois piliers fondateurs de la "démarche négaWatt".

La Compagnie des négaWatts, un collège de 27 experts aux spécialités complémentaires, constitue la cheville ouvrière de l'association : c'est elle qui, en appliquant systématiquement la "démarche négaWatt" à notre modèle énergétique actuel, a élaboré en 2003 puis mis à jour en 2006 un premier scénario énergétique pour la France à l'horizon de 2050.

Fruit de plus d'un an de travail, un scénario négaWatt 2011-2050 a été publié en septembre 2011, complété en janvier 2012 par la parution aux éditions Actes Sud du *Manifeste négaWatt*. Cet ouvrage de référence fournit tous les éléments de compréhension de la démarche et du scénario négaWatt, ainsi qu'une description des mesures à prendre pour que ce dernier devienne une réalité.

Garantes de sa totale indépendance, les ressources financières de l'association – dont l'action repose pour l'essentiel sur les contributions bénévoles de ses membres – proviennent des cotisations de ses adhérents, complétées par le soutien de fondations et d'organisations non gouvernementales pour certains travaux spécifiques.

Pour plus d'information et pour adhérer :

www.negawatt.org

contact@negawatt.org

L'INSTITUT NÉGAWATT

L'Institut négaWatt est un organisme de formation, d'études et de recherches créé en 2009 par l'association négaWatt. Il a pour vocation de préparer et d'accompagner la transition énergétique de notre société en prenant comme référence les travaux de l'association négaWatt.

Animé par une volonté de mutualisation des connaissances, l'Institut négaWatt se donne pour objectifs de :

– renforcer les compétences et la capacité d'expertise des acteurs de l'énergie ;

– développer les propositions d'évolution des politiques énergétiques et climatiques ;

– accompagner la mise en œuvre de ces propositions.

Depuis sa création, l'Institut négaWatt a en priorité développé son pôle de formations. Celles-ci s'adressent à un large public et traitent aussi bien de sujets généraux liés à la politique énergétique que de sujets techniques précis et concrets, nécessaires à la mise en œuvre de la "transition énergétique négaWatt".

Il développe à présent son pôle études, sur la base des orientations et des travaux du scénario négaWatt.

Pour plus d'information :

www.institut-negawatt.com

contact@institut-negawatt.com

PETIT GLOSSAIRE DE L'ÉNERGIE

ADN (ACIDE DÉSOXYRIBONUCLÉIQUE) : molécule présente dans toutes les cellules vivantes, qui renferme l'ensemble des informations nécessaires au développement et au fonctionnement d'un organisme : c'est en quelque sorte le "code-barres" de chaque individu.

BIOMASSE : ensemble de toutes les matières organiques, principalement d'origine végétale, susceptibles de fournir de l'énergie soit par combustion (bois, pailles, huiles végétales, etc.), soit par transformation en gaz (biogaz, gazéification).

BIOSPHÈRE : partie de notre planète où la vie s'est développée, c'est-à-dire l'ensemble constitué de la partie inférieure de la couche d'atmosphère qui entoure la Terre et de la partie supérieure des océans.

BLACK-OUT : panne de courant électrique à l'échelle d'une région ou d'un pays entier, généralement due à l'écroulement du réseau à cause d'un déséquilibre trop important entre les puissances produites et consommées à un instant donné.

CO_2 : symbole chimique du gaz carbonique (nom officiel : dioxyde de carbone), qui se dégage lors d'une combustion. Le CO_2 d'origine fossile (pétrole, gaz ou charbon) est le principal gaz à effet de serre. On considère que le CO_2 d'origine biomasse dégagé par la combustion de matières végétales est capturé par la croissance de nouveaux végétaux et qu'il ne contribue donc pas à l'augmentation de l'effet de serre.

COGÉNÉRATION : production simultanée de chaleur et d'électricité pour répondre à des besoins, ce qui permet d'améliorer nettement le rendement de combustion en valorisant mieux l'énergie dégagée, en passant de 35 % à 60 %, et jusqu'à 80 %.

DATA CENTER : centre de traitement informatique de très grande puissance.

ÉLECTROLYSE : procédé permettant la décomposition chimique de substances sous l'effet d'un courant électrique. L'application la plus connue est celle qui permet de séparer l'hydrogène et l'oxygène qui composent les molécules d'eau (H_2O).

ÉNERGIE FINALE : énergie consommée par l'utilisateur final (qu'il soit un particulier, une entreprise ou une collectivité). En pratique, c'est l'énergie mesurée par le compteur d'électricité, de gaz ou par la pompe à essence de la station-service. Elle est égale à l'énergie primaire moins les pertes de transformation, d'acheminement et de distribution.

ÉNERGIE PRIMAIRE : énergie contenue dans les ressources énergétiques telles qu'on les trouve à l'état brut dans la nature (pétrole, gaz, charbon, uranium, vent, soleil, biomasse, etc.).

EPR : initiales désignant un projet de réacteur nucléaire dit "de troisième génération". Le sigle EPR signifiait à l'origine *European Pressurized Reactor*, changé pour *Evolutionary Power Reactor*. Le premier prototype de ce réacteur de 1 600 mégawatts électriques est en construction, depuis 2005, à Olkiluoto en Finlande (mise en service initialement prévue en 2009 et repoussée en 2014), le second sur le site de Flamanville en France depuis 2007 (mise en service initialement prévue en 2012 et repoussée au-delà de 2016), pour un coût passé de 3,5 à 8,5 milliards d'euros.

FINANCIERS SOLIDAIRES : catégorie d'organismes financiers qui privilégient l'utilité sociale et environnementale de leurs investissements plutôt qu'un niveau élevé de rentabilité.

GAZ À EFFET DE SERRE (GES) : catégorie de gaz dont le séjour dans l'atmosphère a pour conséquence une augmentation de l'effet de serre qui régule le climat et la température moyenne à la surface de la Terre en piégeant une partie du rayonnement solaire. Les principaux gaz à effet de serre sont le dioxyde de carbone (ou gaz carbonique – CO_2) issu de la combustion des énergies fossiles, le méthane (CH_4) issu de la fermentation entérique des ruminants et des rizières, le protoxyde d'azote (N_2O), issu de la décomposition des engrais chimiques dans le sol, et les gaz fluorés, utilisés essentiellement comme fluide pour la climatisation dans le bâtiment et l'automobile.

GAZ DE SCHISTES : l'une des formes non conventionnelles du gaz "naturel" piégé dans la roche-mère dans les terrains schisteux, que l'on extrait en injectant dans le sous-sol de l'eau à haute pression additionnée d'un grand nombre de produits chimiques (technique dite "de fracturation hydraulique").

GAZ RÉFRIGÉRANTS (OU FLUIDES FRIGORIGÈNES) : familles de gaz utilisés dans les systèmes de production de froid (réfrigérateurs, congélateurs, climatisation, etc.), dont les CFC (chlorofluorocarbures).

GAZÉIFICATION : procédé de combustion en déficit d'oxygène, qui permet de produire du gaz de synthèse ("syngas", noté CH) que l'on peut ensuite transformer en méthane à travers diverses réactions chimiques.

GNV (GAZ NATUREL VÉHICULE) : gaz naturel fossile utilisé comme carburant dans des moteurs à explosion.

GRV (GAZ RENOUVELABLE VÉHICULE) : méthane d'origine renouvelable obtenu par divers procédés (méthanisation, gazéification ou méthanation), utilisé comme carburant dans des moteurs à explosion en lieu et place du GNV (gaz naturel véhicule).

HABITAT PASSIF : technique de conception et de construction des bâtiments de logement dont les besoins de chauffage sont tellement réduits qu'ils ne nécessitent pratiquement plus de système de chauffage, qui est alors assuré par les apports solaires et par les apports internes (chaleur corporelle des occupants et pertes des appareils en fonctionnement).

KILOWATT (kW) : *voir* Watt (W).

KILOWATTHEURE (kWH) : unité mesurant l'énergie, qui correspond à la quantité d'énergie consommée ou produite par un appareil d'une puissance de 1 kilowatt fonctionnant pendant 1 heure (ne pas écrire kW/h, erreur fréquente même dans des publications techniques !). Couramment utilisée pour l'électricité, elle peut aussi l'être pour les autres formes d'énergie.
Ses multiples les plus usuels sont le mégawattheure (1 MWh = 1 000 kWh), le gigawattheure (1 GWh = 1 million de kWh) et le térawattheure (1 TWh = 1 milliard de kWh).

MATÉRIAUX BIO-SOURCÉS : dans le bâtiment, matériaux de construction ou d'isolation d'origine végétale.

MÉTHANATION : procédé de production de méthane synthétique par la réaction chimique, dite "de Sabatier", entre de l'hydrogène et du gaz carbonique. L'hydrogène peut être obtenu par électrolyse de l'eau et le gaz carbonique peut être capté à la sortie d'une unité de combustion (chaufferie, process industriel, etc.).

MÉTHANE : le plus simple des composés organiques de la famille des hydrocarbures, c'est-à-dire contenant des atomes d'hydrogène (H) et de carbone (C). Sa formule chimique est CH_4. Il se présente sous forme d'un gaz qui peut être fossile (le "gaz naturel") ou renouvelable. Dans ce dernier cas, il peut être d'origine biologique (biométhane ou biogaz obtenu par méthanisation) ou obtenu par synthèse (gazéification ou méthanation).

MÉTHANISATION : procédé de production de méthane renouvelable biologique par fermentation anaérobie (en l'absence d'oxygène) de matières organiques dans un réacteur, dans des conditions de température et d'humidité contrôlées. Les matières solides restantes constituent un digestat, utilisable comme amendement organique et proche du compost.

NÉGAWATT : mot inventé par l'expert américain des stratégies énergétiques Amory Lovins, fondateur du Rocky Mountain Institute, pour désigner de manière globale l'énergie non consommée ou économisée par des actions de sobriété ou d'efficacité.

OPEP : Organisation des pays exportateurs de pétrole, créée en 1961 et visant à permettre aux pays producteurs d'exercer un contrôle sur les cours du pétrole de façon à en tirer un certain revenu ; c'est notamment elle qui avait déclenché le premier choc pétrolier en 1973 en décidant un quadruplement du prix du pétrole.

PHOTOVOLTAÏQUE : technologie de production d'électricité renouvelable par conversion directe de la lumière du Soleil en électricité, grâce à un phénomène découvert par le Français Antoine Becquerel en 1839, l'effet photovoltaïque propre à certains matériaux, notamment le silicium, qui est le troisième matériau le plus abondant sur Terre après le carbone et l'oxygène.

PLUIES ACIDES : acidification de l'eau de pluie, due à une trop forte présence de polluants atmosphériques, notamment les oxydes d'azote, causant des dégâts aux forêts et aux sols, et apparue de manière extrêmement grave dans les années 1980, notamment en Europe et en Amérique du Nord. Un traité international signé en 1988 a permis de limiter les émissions en cause et le phénomène s'est plus ou moins stabilisé sans disparaître pour autant.

PUISSANCE : la puissance est une quantité d'énergie fournie ou consommée par unité de temps. L'unité de puissance est le watt (W), qui correspond à une énergie de 1 joule pendant 1 seconde. Par exemple, une ampoule d'une puissance de 20 watts utilisée durant 100 heures va consommer 2 kilowattheures, autant qu'un convecteur électrique de 1 1 000 watts durant 2 heures.

RÉSEAUX ÉNERGÉTIQUES : réseaux de collecte, d'acheminement et de distribution entre les points de production et de consommation de l'énergie sous forme d'électricité, de gaz ou de chaleur. En France, tous les réseaux énergétiques présents dans le domaine public appartiennent aux communes, à l'exception des réseaux de très grande puissance d'électricité ou de gaz, qui appartiennent à l'État ou à des entreprises contrôlées par ce dernier.

RÉSEAU ÉLECTRIQUE INTELLIGENT : *voir* Smart grid.

RT 2012 : réglementation exigeant que les bâtiments neufs respectent un niveau de performance énergétique pour le chauffage, l'eau chaude sanitaire, l'éclairage, la ventilation et les auxiliaires de chauffage (pompes, circulateurs). La RT 2012, issue des décisions du Grenelle de l'environnement, généralise les bâtiments à basse consommation.

SMART GRID : expression anglaise signifiant "réseau électrique intelligent", qui fait référence pour l'essentiel aux nouvelles possibilités de gestion et de pilotage des réseaux électriques ouvertes par l'introduction des technologies de l'information à toutes les échelles géographiques, depuis la "domotique" (à l'intérieur de chaque logement) jusqu'aux "interconnexions" (liaisons internationales à très haute tension).

THERMODYNAMIQUE : branche de la physique et de la chimie liée à l'étude du comportement thermique des corps, à l'étude de l'énergie et de ses transformations, qui obéit à un certain nombre de lois découvertes notamment par le physicien français Sadi Carnot, au début du XIXe siècle.

TÉRAWATTHEURE (TWH) : *voir* Kilowattheure (kWh).

WATT (W) : unité de puissance dans le système métrique international, correspondant à une énergie de 1 joule pendant 1 seconde.
Ses multiples usuels sont le kilowatt (1 kW = 1 000 watts), le mégawatt (1 MW = 1 million de watts ou 1 000 kilowatts), le gigawatt (1 GW = 1 milliard de watts ou 1 million de kilowatts)

Colibris
coopérer pour changer

Colibris est une ONG qui encourage une dynamique de créativité au sein de la société civile. Sa mission consiste à inspirer, relier et soutenir ceux qui veulent construire une société écologique et humaine.

Éducation, économie, agriculture, énergie, habitat..., l'association met en lumière les solutions les plus abouties dans chaque domaine et propose des outils concrets pour favoriser leur mise en œuvre sur des territoires. La méthode Colibris facilite la coopération entre citoyens, élus, entrepreneurs, et permet à chacun d'agir, individuellement ou collectivement, sur son lieu de vie.

Les Colibris, ce sont tous ces individus qui inventent, expérimentent, coopèrent concrètement pour bâtir des modèles de vie en commun respectueux de la nature et de l'être humain.

Fondée sous l'impulsion de Pierre Rabhi en 2007, Colibris appartient au réseau Terre et Humanisme, dont la vocation de chaque structure est d'encourager l'émergence et l'incarnation de nouveaux modèles de société par une politique en actes.

La collection "Domaine du possible", dans laquelle ce livre est édité, est le fruit d'une collaboration et d'une amitié entre Actes Sud et Colibris entamées en 2007.

Pour plus d'information : www.colibris-lemouvement.org

POUR ALLER PLUS LOIN

SOCIÉTÉ – ÉCOLOGIE

ACTES SUD
ÉDITEURS ASSOCIÉS

LIONEL ASTRUC
MANGER LOCAL
S'APPROVISIONNER ET PRODUIRE ENSEMBLE
OCTOBRE 2011 / 14 x 19 / 224 PAGES
COLLECTION "DOMAINE DU POSSIBLE"

Il y a au moins trois bonnes raisons de manger local. D'abord, parce que notre approvisionnement dépend pour une trop large part d'importations en provenance de pays lointains, ce qui le rend fragile. Ensuite, parce que ces importations sont coûteuses en pétrole, et en pollutions qui viennent accroître le réchauffement climatique. Enfin, parce que privilégier les "circuits courts" permet de renouer un lien avec les producteurs locaux et de savoir comment est produit ce que l'on mange.
Comment faire pour manger local ? Les auteurs de *Manger local* proposent vingt-six initiatives qui reposent sur des expériences réussies et facilement reproductibles, des plus simples à mettre en œuvre aux plus "engagées". Chaque initiative est accompagnée de conseils pratiques pour l'adapter à son propre territoire et d'adresses utiles pour se mettre en relation avec d'autres projets et passer à l'action.

ASSOCIATION NÉGAWATT –
THIERRY SALOMON, MARC JEDLICZKA, YVES MARIGNAC
MANIFESTE NÉGAWATT
RÉUSSIR LA TRANSITION ÉNERGÉTIQUE
JANVIER 2012 / 14 X 19 / 312 PAGES
COLLECTION "DOMAINE DU POSSIBLE"

Depuis dix ans, vingt-cinq praticiens de l'énergie (architectes, ingénieurs, urbanistes...) engagés dans la recherche d'un avenir énergétique durable ont élaboré le scénario négaWatt, certainement la proposition la plus novatrice pour repenser la politique énergétique de la France. Ce travail repose sur une méthodologie rigoureuse et sur trois piliers fondamentaux : la sobriété énergétique, l'efficacité énergétique et le recours aux énergies renouvelables. Ce scénario permet de réévaluer intégralement notre rapport à la consommation énergétique et d'envisager un futur où la société réinvente tout à la fois sa manière de consommer et celle de produire l'énergie. S'adressant à tous, du simple citoyen au décideur, ce manifeste négaWatt présente et complète ce scénario par une réflexion prospective, à l'horizon 2050, riche d'idées décapantes et de mesures opérationnelles.
Un guide pour l'action, lucide et engagé !

JEAN-PHILIPPE DESBORDES

ATOMIC PARK

À LA RECHERCHE DES VICTIMES DU NUCLÉAIRE

FÉVRIER 2006 / 12,5 x 19 / 526 PAGES

COLLECTION "QUESTIONS DE SOCIÉTÉ"

Avec cette grande enquête, Jean-Philippe Desbordes étudie les menaces sanitaires associées à chacune des activités nucléaires (médicale, militaire, civile ; de l'extraction de l'uranium à la gestion des déchets) et dévoile quelques secrets bien gardés.

CHRISTIAN FELBER

L'ÉCONOMIE CITOYENNE

UN MOUVEMENT A VU LE JOUR

AVRIL 2011 / 13,5 x 21,5 / 208 PAGES

COLLECTION "QUESTIONS DE SOCIÉTÉ"

L'économie citoyenne – ou quand l'intérêt général s'invite dans le bilan des entreprises. Conçu avec le soutien de nombreuses PME et le mouvement international ATTAC, un nouveau modèle économique a vu le jour – ni communiste, ni capitaliste. Christian Felber prône une troisième voie indépendante et démocratique dont les principaux acteurs sont les citoyens eux-mêmes. Comment s'y prendre pour entraver l'engrenage catastrophique des crises économiques à répétition ? Soutenu par de nombreux économistes alternatifs en Europe, ce nouveau modèle ouvre des perspectives pour une "utopie réaliste".

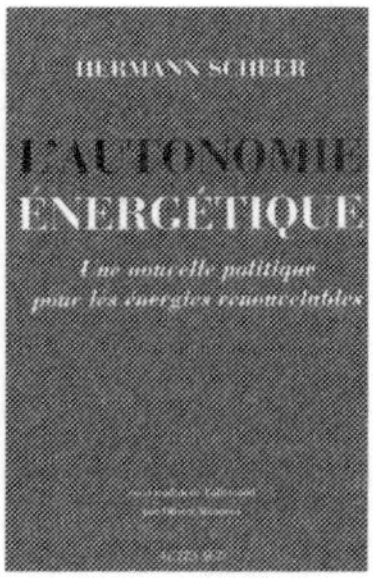

HERMANN SCHEER

L'AUTONOMIE ÉNERGÉTIQUE

UNE NOUVELLE POLITIQUE POUR LES ÉNERGIES RENOUVELABLES

MARS 2007 / 12,5 x 19 / 272 PAGES

COLLECTION "QUESTIONS DE SOCIÉTÉ"

Quelle politique adopter pour rendre possibles les alternatives aux énergies fossiles ? Un essai fondamental enrichissant les débats énergétiques actuels, par un ancien député européen qui défend, à travers le monde, toutes les énergies renouvelables.

OUVRAGE RÉALISÉ
PAR L'ATELIER GRAPHIQUE ACTES SUD
REPRODUIT ET ACHEVÉ D'IMPRIMER
EN JANVIER 2013
PAR L'IMPRIMERIE NORMANDIE ROTO IMPRESSION S.A.S.
À LONRAI
POUR LE COMPTE DES ÉDITIONS
ACTES SUD
LE MÉJAN
PLACE NINA-BERBEROVA
13200 ARLES

DÉPÔT LÉGAL
1re ÉDITION : FÉVRIER 2013
N° impr. : 130255
(Imprimé en France)